記得到旗標創客‧
自造者工作坊
粉絲專頁按『讚』

1. 建議您到「旗標創客‧自造者工作坊」粉絲專頁按讚，有關旗標創客最新商品訊息、展示影片、旗標創客展覽活動或課程等相關資訊，都會在該粉絲專頁刊登一手消息。

2. 對於產品本身硬體組裝、實驗手冊內容、實驗程序、或是範例檔案下載等相關內容有不清楚的地方，都可以到粉絲專頁留下訊息，會有專業工程師為您服務。

3. 如果您沒有使用臉書，也可以到旗標網站 (www.flag.com. tw)，點選首頁的 讀者服務 後，再點選 讀者留言版 ，依照留言板上的表單留下聯絡資料，並註明書名、書號、頁次及問題內容等資料，即會轉由專業工程師處理。

4. 有關旗標創客產品或是其他出版品，也歡迎到旗標購物網 (www.flag.com.tw/shop) 直接選購，不用出門也能長知識喔！

5. 大量訂購請洽

　學生團體　訂購專線：(02)2396-3257 轉 362
　　　　　　傳真專線：(02)2321-2545

　經銷商　　服務專線：(02)2396-3257 轉 331
　　　　　　將派專人拜訪
　　　　　　傳真專線：(02)2321-2545

國家圖書館出版品預行編目資料

創客自造者工作坊：電子電路入門活用篇 /
施威銘研究室 作；臺北市；
旗標，2019.10　　面；　公分

ISBN 978-986-312-601-0 (平裝)

1. 電子電路　2. 創客

471.54　　　　　　　　　　108010547

作　　者／施威銘研究室

發 行 所／旗標科技股份有限公司

　　　　　台北市杭州南路一段15-1號19樓

電　　話／(02)2396-3257(代表號)

傳　　真／(02)2321-2545

劃撥帳號／1332727-9

帳　　戶／旗標科技股份有限公司

監　　督／黃昕暐

執行企劃／周詠運

執行編輯／周詠運‧林書禾‧呂育豪

美術編輯／林美麗

封面設計／古鴻杰

校　　對／黃昕暐‧周詠運‧吳語涵

西元 2019 年 10 月初版

行政院新聞局核准登記-局版台業字第 4512 號

ISBN 978-986-312-601-0

版權所有‧翻印必究

Copyright © 2019 Flag Technology Co., Ltd.
All rights reserved.

目錄　Contents

認識基本電學

從點亮 LED 燈

本章將帶大家從最基礎的電路、電壓、電流開始講起,進而在之後的章節深入認識電子電路在生活中有趣的各種應用。翻開目錄就會知道,本書有十幾個不同的主題,都是透過電子電路就能完成的便利生活小物,過程中會有各種好玩的實驗,那就開始吧!

1-1 電源、電路、電壓、電流

電源、電路、電壓、電流,是了解電子電路時必須知道的基礎知識,由於肉眼看不到電,因此在講解中會大量用到水壓、水流等日常生活中常常接觸到的經驗,模擬不容易觀察到的各種電流現象。

≫ 電源

人的心臟將血液輸送到身體各個部位之後回到心臟,電源也扮演著一樣的角色,將電加壓後輸送到電路各處。常見的電源有電池、電源供應器、USB 插座等等。在本套件中將常常使用到右圖代表著電源的電路符號,其中長線為正、短線為負。

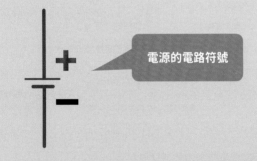

電源的電路符號

≫ 電路

電路就是電流通行的路徑,是個封閉的迴路 (電路圖中從正極到負極中間沒有斷開的線路)。電路中是由導電體例如電線、焊錫、鐵針等金屬構成,讓電流導通,流經各種電子元件如電池、LED 燈、電阻、感測器等,產生作用以達到我們想要的功能。

斷路則代表電路中有地方斷掉不連通,以致電路中的電流無法流過,電子元件將無法作用。

以手電筒為例來解釋電路與電源，下圖中就是手電筒內部的模擬電路圖。在開關的地方可以斷開電路後形成斷路關掉手電筒，而打開開關又能形成通路開啟手電筒了。

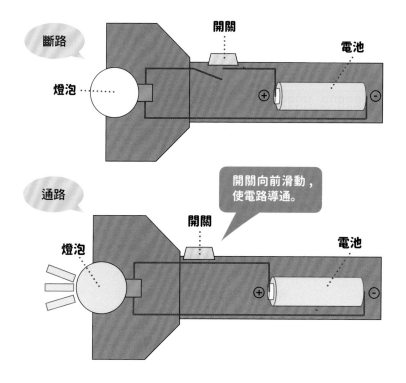

電流

所謂的電流，指的是電路中某個點每秒通過的電量多寡，單位為安培 (A) 或毫安培 (mA, m 表示 1/1000)，可以想像成是水流中通過水管的水流量多寡，電流越大，則可以提供的電能越大。而電流跟水流一樣也有方向性，由正極流往負極，在連接各種電子元件時，必須注意正負極是否連接正確，才能正常運作。

電壓 (電位差)

電壓代表電路中兩個端點之間電位的差距，也可以稱為電位差，電位就像水位一樣，有高低之分。

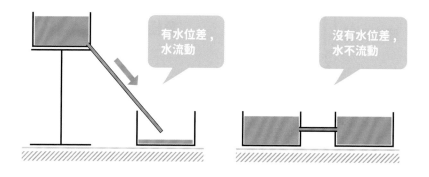

就像水需要水位差才能流動一樣，電也需要電位差才能流通，對電路中的電子元件提供能量發揮作用。電壓的單位是伏特 (V)，數值越大．電能越大。

LED 燈小實驗

帶大家認識完基本的原理後，接著就要做一個小實驗，過程中將會燒壞 LED 燈，本套件有附帶多的 LED 燈，所以不用擔心元件不夠的問題。也請各位必須注意實驗中的安全，將實驗場地附近清空，備不時之需。

LED 燈

LED 燈是電子電路實驗中很常使用到的電子元件，用來發光做為提醒，如提醒用路人的紅綠燈、咖啡機上顯示煮咖啡的狀態燈。LED 燈上的兩隻腳可以用肉眼區分有分長腳和短腳，長腳要連接電路的正極、短腳要連接負極。

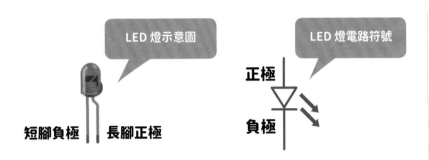

LED 燈示意圖

短腳負極　長腳正極

LED 燈電路符號

正極

負極

電池盒

在套件中的電池盒可以裝 4 顆 AAA 電池，依照盒內標示的正負極裝好電池後，看到盒子外連接著兩條線，一條紅色代表正極、一條黑色代表負極。電池裝上後要特別注意不要將正極和負極直接接在一起，這樣將會造成短路，會有過熱起火的危險！

⚠ 電流在電路中會選擇最短的路徑流過，當一個電路中沒有連接任何電子元件，純粹以導電的電線連接時，就稱為短路，短路會導致大量電流流經導線，嚴重的話將會起火燃燒！所以在使用電的時候要特別注意不要讓電器短路！

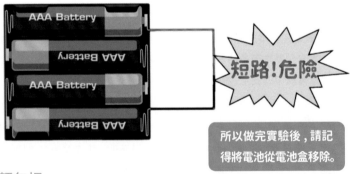

短路!危險

所以做完實驗後，請記得將電池從電池盒移除。

麵包板

麵包板的正式名稱是免焊萬用電路板，俗稱麵包板 (bread board)。麵包板不需焊接，就可以進行簡易電路的組裝，十分快速方便。市面上的麵包板有很多種尺寸，你可依自己的需要選購。

麵包板的表面有很多的插孔。插孔下方有相連的金屬夾，當零件的接腳插入麵包板時，實際上是插入金屬夾，進而和同一條金屬夾上的其他插孔上的零件接通。

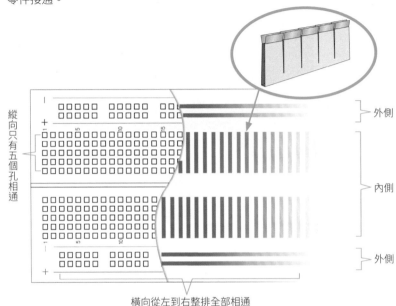

縱向只有五個孔相通

外側

內側

外側

橫向從左到右整排全部相通

麵包板分內外兩側（如上圖）。內側每排 5 個插孔的金屬夾片接通，但左右不相通，這部分用於插入電子零件。外側插孔則供正負電源使用，正電接到紅色標線處，負電則接到藍色或黑色標線處。現在就來練習使用麵包板連接電池與 LED 燈吧！

材料	
● 麵包板	1 片
● 紅色 LED 燈	1 顆
● AAA 電池盒	1 盒
● AAA 電池	4 顆（自備）

實驗目的

測試 LED 燈會不會正常亮起。

▷ 接線圖

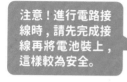

注意！進行電路接線時，請先完成接線再將電池裝上，這樣較為安全。

⚠ 此實驗在裝上電池時，不可將手觸碰 LED 燈！

在此等同於將 LED 燈的長腳連接電源的正極、短腳連接電源的負極

接線圖

長腳　短腳

正極

負極

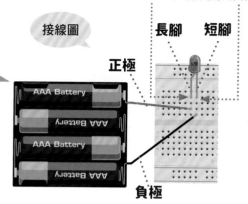

▷ 電路解析

如果電池跟接線都正確連接的話，會發現 LED 燈很快地閃了一下，有些可能還會有劈哩的輕微爆炸聲，之後聞到短暫的燒焦味，沒錯！這顆 LED 燈被燒壞了！下一節將介紹電阻、負載，來解釋這個現象。

電路圖

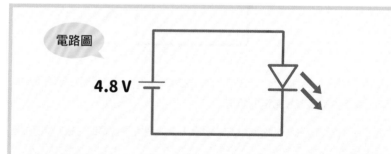

4.8 V

在電子電路的領域中，電路圖就像設計圖或藍圖，在建構任何裝置或電器時，幫助工程師們互相溝通，所以看懂電路圖對於往後從事相關行業的人是相當重要的。電路圖中用到了之前介紹電源與 LED 燈時提到的電路符號，各個電子元件都以直線連接在一起形成一個封閉的電路。

1-2 電阻、負載

在上一節實驗中，LED 燈其實是因為電壓太大，超過它能夠負荷的電壓使得大量電流流入而損毀，要避免這樣的情況，就必須使用電阻器。

▷ 電阻、負載

電阻器，俗稱電阻，顧名思義可以用來阻擋電流，通常用來控制電壓大小，沒有正負極的方向性，有各種不同的電阻值，單位為歐姆 (Ω)，可以透過電阻上的色環來判斷電阻值，套件裡的電阻都貼心地替各位標好數值，使用前就不用辛苦地計算每個顏色所代表的數值了！若要你想要依據色環計算電阻值大小，可以參考本章最後一頁的電阻器補充說明。

⚠ 雖然提到電阻時通常都是指電阻器，但其實包括 LED 燈、電池，甚至導線裡都有些微電阻喔，但因為太小，通常忽略不計。

代表電阻值的色環

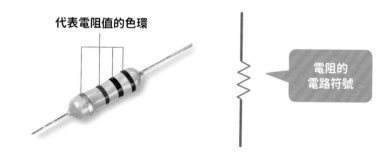

電阻的電路符號

負載指的是會消耗電能產生熱、光、動能的元件，常見的有電阻、LED 燈、馬達等。

為了要讓 LED 燈能夠正常點亮，必須以這顆 LED 燈能夠承受的電壓驅動它，一般紅色的 LED 燈可承受電壓範圍為 1.8V ～2.4V 之間，電流則需要在 20 mA 左右，只要我們串連一個適當的電阻在電路中，就能夠降壓，讓 LED 燈承受的電壓不至於太高，LED 燈就可以正常發光了！

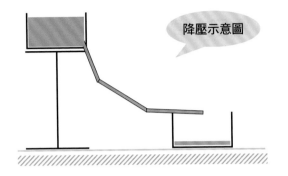

降壓示意圖

電阻的作用就像緩衝，就像把原本湍急的水流擋住，將電流擋住限制過大的電流流過，以降低流經電路的壓力。

實驗點亮 LED 燈

在這個實驗中我們要使用電阻來限流，降低原本 LED 燈承受的 4.8V 電壓。

材料	
● 麵包板	1 片
● 紅色 LED 燈	1 顆
● AAA 電池盒	1 盒
● AAA 電池	4 顆 (自備)
● 220 歐姆電阻	1 顆

實驗目的

使用電阻器來降低流過 LED 燈的電流，防止 LED 燈燒毀。

接線圖與電路圖

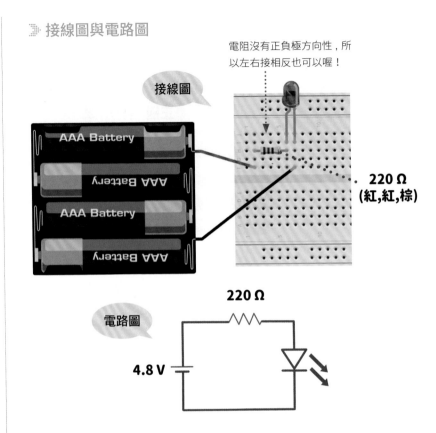

電阻沒有正負極方向性，所以左右接相反也可以喔！

接線圖

220 Ω
(紅,紅,棕)

電路圖

220 Ω

4.8 V

電路圖中鋸齒狀的圖形，上面標示著 220 歐姆 (Ω)，就是電阻在電路圖中的圖示，旁邊的數值就是電阻的阻值。

對了！不要忘記換一個新的 LED 燈喔！上一個實驗燒壞的 LED 燈可以留下來做紀念！

電路分析

終於讓 LED 燈正常亮起了！電阻確實做到它該做的事情，就是降低 LED 的電壓，限制原本過大的電流。

1-3 比較亮度大小：串聯與並聯

▶ 歐姆定律

電路學中的歐姆定律 (Ohm's law) 為德國物理學家歐姆先生 (Georg Simon Ohm) 所提出，他發現若對導電體施加電壓，則導電體兩端的電壓會與通過的電流成正比，公式如下：

電壓 V = 電流 I × 電阻 R

電壓的單位為伏特 (V)，電流的單位為安培 (A)，電阻的單位為歐姆 (Ω)。

以 LED 燈的實驗為例，當提供的電壓不變 (4.8V) 的時候，電阻越大，則電流會越小，LED 燈越暗，此時電阻與電流是反比的關係。

▶ 串聯

電路中的串聯就像火車上一台一台的車廂一個接一個地串在一起，將每個電子元件都像火車一樣串在一起時，就稱為串聯電路。串聯電路中，流經每個電子元件的電流是一樣的，而每個電子元件分到的電壓加起來就等於總電壓 (電池提供的電壓)。

在上一節的實驗中，電阻與 LED 燈就是串連的關係，由於 LED 燈需要的電壓為 2V，可以算出需要有另一個負載分掉 2.8V(4.8V-2V=2.8V) 的電壓，若流經他們的電流都是 20mA，由歐姆定律可知需要的電阻阻值約為 140Ω($R = \frac{2.8\,V}{0.02\,A}$)，不過為了保險起見，通常會選擇稍大的電阻值，也就是 220Ω 的電阻來使用。

⚠ 電阻器只有固定數值，無法隨意選擇，所以 140Ω 往上最適合的就是 220Ω。

由此可知，在電子電路中只要知道電壓、電流或電阻 3 者其中 2 項的數值，就可以計算出另一項的值。

因此，我們可以根據希望通過的電流值去計算所需電阻值。以下圖的電路為例，假設我們用了一顆電壓需求為 2.2V 的紅光 LED 燈，希望流經的電流是 5mA，而電源電壓為 5V 的乾電池，那麼電阻 R 的值是多少？試著自己算算看！

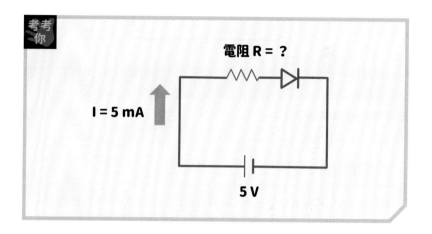

因為 LED 燈正負極間的電壓是 2.2V，所以限流電阻兩端的電壓就是 5V-2.2V = 2.8V，而流過 LED 燈 的電流等於流過電阻的電流。根據歐姆定律 V=IR，且 1A=1000mA，所以 5mA=0.005A，可以計算出電阻值為 560 歐姆 (Ω)：

2.8V = 0.005A * R

R = 2.8 / 0.005 = 560 (Ω)

▶ 並聯

將電路中 2 個或 2 個以上的元件的兩端分別並排連接在電路中相同的點上，此種連接方式稱為並聯電路。如下頁圖所示，即是將 2 顆電阻並聯。

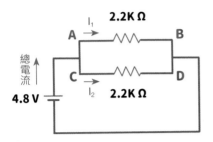

並聯電路中，每個分支的電壓會是一樣的，以上圖為例，A−B 或 C−D 兩個分支都各自分到 4.8V 的電壓。但總電流則是各個分支的總和（ $I_1 + I_2$ ），跟串聯的特性剛好相反。

延伸閱讀

克希荷夫定律（Kirchhoff Circuit Laws）由德國物理學家克希荷夫先生（Gustav Robert Kirchhoff）發現，包含兩條電路學定律：**克希荷夫電流定律**與**克希荷夫電壓定律**。克希荷夫電流定律為：**流入**任一節點的電流總和等於**流出**該節點的電流總和。正如我們前面介紹並聯電路的特性時所提到的，電子元件並聯時，各自為獨立的分支，故總電流等於所有分支的電流相加總和。

而克希荷夫電壓定律內容為：任一封閉迴路的電源，其電壓等於與所有串聯元件的電位差（電壓）總和。如我們前面介紹串聯電路的特性時所提過，電子元件串聯時，電路的總電壓為各元件電壓的總和。

▷ 串、並聯電路的電阻值計算

介紹完串聯與並聯各自的電壓與電流特性後，還需要了解不同組合方法對整體電阻的影響。當電阻串聯時，計算方式為各電阻值的總數和，也就是將每一個電阻值相加：

$$R = R1 + R2 + R3 + ...$$

而當電阻並聯時，計算方式改為各電阻值的倒數和，將每一個電阻值換成倒數再相加：

$$\frac{1}{R} = \frac{1}{R1} + \frac{1}{R2} + \frac{1}{R3} + ...$$

串、並聯電阻的計算公式

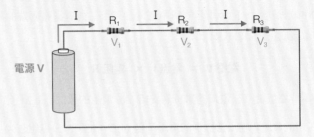

串聯電路中流經各電阻的電流 I 相等，總電壓為 V=V1+V2+V3，假設 R 為串聯電路的總電阻和，R1、R2、R3 為串聯電路中各個電阻，由歐姆定律 V=IR 代入串聯電路總電壓算式可得出：IR=IR1+IR2+IR3，將 I 約掉後得出最後的公式：R=R1+R2+R3。

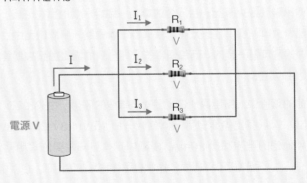

並聯電路的各分支電壓 V 相等，總電流為：I=I1+I2+I3，假設 R 為並聯電路的總電阻和，R1、R2、R3 為並聯電路中各分支的電阻，由歐姆定律 $I = \frac{V}{R}$ 代入並聯電路總電流算式可得出：$\frac{V}{R} = \frac{V}{R1} + \frac{V}{R2} + \frac{V}{R3}$，將 V 約掉後得出最後的公式：$\frac{1}{R} = \frac{1}{R1} + \frac{1}{R2} + \frac{1}{R3}$。

也就是串聯時，整體阻值比原本任一電阻大，並聯時整體阻值比原本任一阻值小。我們可以利用這樣的特性來做變化。

下圖左右分別為電阻串聯與並聯之情形，左圖當電阻串聯時，總電阻值為：300Ω + 200Ω = 500Ω。而右圖電阻並聯時，總電阻值為：

$$\frac{1}{R} = \frac{1}{300} + \frac{1}{200} = \frac{1}{120} ，故 R = 120Ω。$$

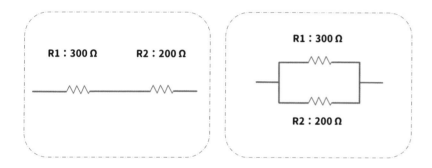

▶ 比較亮度小實驗

現在就來實際進行電阻的串、並聯實驗，並觀察看看哪種方式會讓 LED 比較亮。

▶ 實驗目的

透過控制電阻，觀察 LED 燈的亮度變化

材料	
● 麵包板	1 片
● 紅色 LED 燈	1 顆
● AAA 電池盒	1 盒
● AAA 電池	4 顆 (自備)
● 2.2K 歐姆電阻 (紅 , 紅 , 紅)	2 顆

▶ 接線圖與電路圖

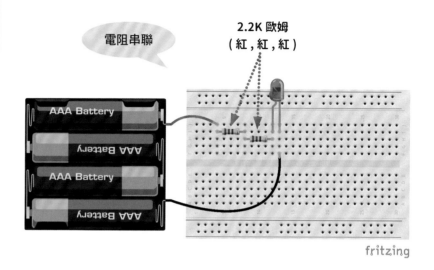

你應該會發現串聯時的 LED 燈會較暗，因為電阻串聯時，總電阻值為各電阻值相加，也就是 2.2KΩ + 2.2KΩ =4.4KΩ。而並聯電路的總電阻值倒數為各電阻值之倒數和，也就是：$\frac{1}{R} = \frac{1}{2200} + \frac{1}{2200}$，總電阻值 R = 1.1KΩ 小於串聯的電阻值 4.4KΩ，電阻值大則電壓及電流小，因此串聯時的 LED 燈較暗。

1-4 觀察 LED 燈亮度變化：可變電阻操作

如果要在實驗中改變電阻的話，還要計算電阻值、拔插電阻，相當麻煩。當我們需要頻繁更換電阻，或是想要運用電阻調整電壓電流的時候，有一個工具相當好用，就是可變電阻！

⫸ 可變電阻

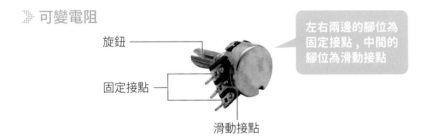

> 左右兩邊的腳位為固定接點，中間的腳位為滑動接點

旋鈕

固定接點

滑動接點

電位器 (Potentiometer, 簡稱 Pot)，又稱為**可變電阻器** (Variable Resistor, 簡稱 VR) 或簡稱**可變電阻**，是一種具有 3 支接腳的電子零件，其中有 2 個固定接點與 1 個滑動接點及 1 個旋鈕，可經由轉動旋鈕改變滑動端與 2 個固定接點之間的電阻值。滑動接點到任一固定接點可視為 1 個電阻器，而轉動旋鈕時則會改變這個電阻器的電阻值，而我們使用的是 1000K (也可記成 1M，M 為 10 的 6 次方) 的可變電阻，所以電阻值會在 0~1000K 之間變化。可變電阻最常見的用途是音響設備的音量控制。

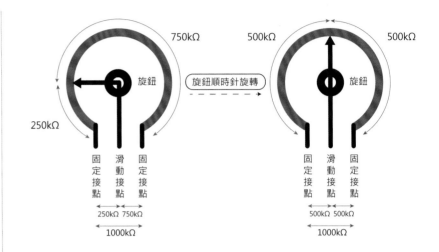

⫸ 亮度變化小實驗

接著讓我們利用可變電阻來觀察 LED 燈的非線性變化，請按照接線圖連接各元件。其中新增的電子元件為可變電阻，可變電阻上具有旋鈕，藉此來觀察 LED 燈的亮度變化。

材料	
● 麵包板	1 塊
● AAA 電池盒	1 個
● AAA 電池	4 顆 (自備)
● LED 燈	1 顆
● 電阻 220 歐姆 (紅 , 紅 , 棕)	1 顆
● 可變電阻 1000K 歐姆	1 個

∭ 接線圖與電路圖

接線圖

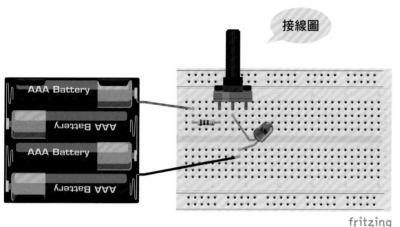

fritzing

電路圖

旋轉可變電阻旋鈕時，電阻值會在 0~1000KΩ 之間變化。

220 Ω

4.8 V

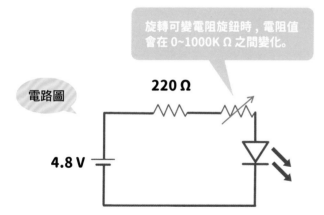

可以發現旋轉可變電阻的旋鈕能夠改變電阻值進而改變 LED 燈的亮度，順時針旋轉旋鈕時電阻值變大、電流變小、LED 燈會漸漸變暗，逆時針旋轉旋鈕時電阻值變小、電流變大、LED 燈會逐漸變亮，而在電阻值降低到一定的範圍之後，LED 燈會突然提高亮度許多，呈現一種不成比例的變化，我們稱之為**非線性變化**。

LED 燈的非線性變化

圖為 LED 燈隨著輸入電壓增大的電流變化，可以看出兩者的關係不成等比，而是當電壓增大到一定的值之後快速上升呈現出非線性變化。

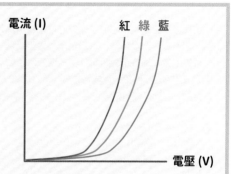

電流 (I)　　紅　綠　藍

電壓 (V)

雖然不同顏色的 LED 燈點亮時所需的最低電壓都不同，但都具有電流與電壓呈現非等比例變化的特性。這樣的變化尤其可以利用可變電阻操控 LED 燈而明顯地觀察到。

電阻器的補充說明

為了電路設計的需求，市面上有各種不同數值的**電阻器 (resistor)** 供我們選用。電阻器種類很多，最常用的是**定值電阻 (fixed resistor)**。定值電阻 (以下簡稱電阻) 依照材質，大致有炭膜電阻、金屬膜電阻、線繞電阻及水泥電阻、… 等多種，本書實驗用的電阻多半是金屬膜或炭膜電阻。

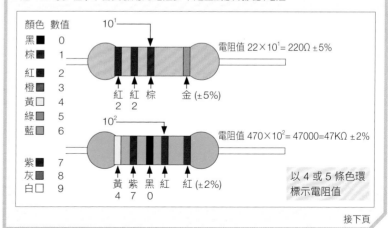

顏色	數值
黑	0
棕	1
紅	2
橙	3
黃	4
綠	5
藍	6
紫	7
灰	8
白	9

10^1　電阻值 $22×10^1 = 220Ω ±5\%$

紅　紅　棕　　金 (±5%)
2　2

10^2　電阻值 $470×10^2 = 47000 = 47KΩ ±2\%$

黃　紫　黑　紅　紅 (±2%)
4　7　0

以 4 或 5 條色環標示電阻值

接下頁

小型炭膜或金屬膜電阻通常是以色環來表示其電阻值及誤差值，電阻本體的顏色，則表示其溫度係數。以四色環的電阻為例，由左至右，第一環表示電阻的十位數，第二環表示個位數，第三環表示倍數，而第四環則是表示誤差值。如果是五環電組，則第一環為百位數，第二環為十位數，第三環為個位數，第四環為倍數，而第五環則是誤差百分比。色環的對照表細節，請參考本書附錄 A。

⚠ 註：所謂倍數指的是 10 次方倍數，例如上圖四環電阻上的棕色是 $10^1=10$ 倍，而五環電阻上的紅色是 $10^2=100$ 倍。

電阻器的功率
電流流過電阻會產生熱，這些耗散的熱若太大便會燒毀電阻，每個電阻都有其最大能承受的熱耗散功率 (單位為瓦特 Watt), 一般常見的電阻耗散功率 (瓦特數，簡稱瓦數) 有 1/8W、1/4W、1/2W、1W、2W、...，而本書使用的皆為 1/2W。

MEMO

CHAPTER
02
老人跌倒警報器

結束第 1 章艱澀的電子電路理論後，想必大家對電子電路已有基本的認識，電子電路理論是非常重要的基礎知識，如果還有不了解的地方一定要多多複習喔！接下來會透過一連串的實驗帶大家認識電子零件及其應用。

本章將會使用蜂鳴器與傾斜開關製作一個老人跌倒警報器。在日常生活中有許多地方都使用到「觸發感測器後執行動作」的概念，例如打開電燈開關後電燈亮起、刷悠遊卡後閘門打開、輸入電話號碼後電話接通…等。這些裝置都有感測的元件與執行動作的元件，在本套件中大多數的實驗也都秉持這個概念來設計，大家也可以動動腦想一想，在生活中還有什麼能夠應用電子電路的便利小裝置喲！

2-1 生活中常見的警報音響信號裝置：蜂鳴器（Buzzer）

蜂鳴器

短腳請接負極 —— —— 長腳請接正極

蜂鳴器上面的貼紙是生產過程的輔助品，請將其撕掉，聲音會比較大

能夠產生聲音的信號裝置，最典型的就是蜂鳴器（Buzzer）了！蜂鳴器是一個通電之後會發出聲音的零件，能發出單調的、固定頻率的聲音。包括警笛、火災警報器、防盜器、定時器…等皆是蜂鳴器在生活中常見的應用。

蜂鳴器的原理是使用導電線圈纏繞鐵柱，鐵柱上方放一個鐵片，透過替導電線圈供電後產生磁力吸引鐵片，斷電則放開鐵片，快速反覆地重複這個動作即可讓鐵片來回震動發出聲音！

⚠ 請注意！蜂鳴器有兩個接腳，跟 LED 燈一樣有分正、負極，長腳為正，短腳為負！

延伸閱讀

蜂鳴器分為有源蜂鳴器與無源蜂鳴器，有源蜂鳴器的「源」代表內建固定頻率的震盪源，不是電源喔！因此有源蜂鳴器不能改變發出的聲音頻率，而無源蜂鳴器則可以透過改變電源的脈衝 (供電、斷電) 頻率而發出不同的音頻。本章實驗使用的是有源蜂鳴器。

2-2 利用傾斜角度來操作設備：傾斜開關（Tilt Switch）

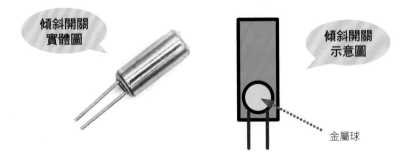

傾斜開關實體圖

傾斜開關示意圖

金屬球

》 傾斜開關工作原理

傾斜開關沒有正、負極之分，它的原理非常簡單，元件引出的兩個針腳延伸進長型小桶子內部，小桶子內有一顆可以導電的金屬球，當金屬球因重力而移動到兩個針腳中間時，兩個針腳就形成了通路！而當金屬球因為角度傾斜而移動兩個針腳時，兩個針腳因沒有導通於是形成斷路！搖動傾斜開關即可聽到金屬球滾動的聲音！

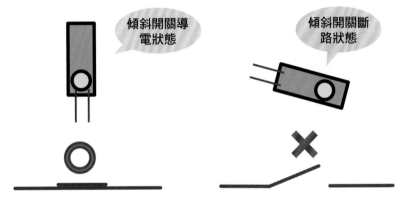

傾斜開關導電狀態

傾斜開關斷路狀態

延伸閱讀

水銀開關跟本章介紹的傾斜開關原理一樣，只不過把能隨著角度不同而移動的金屬球換成水銀，水銀也是導電的金屬，而且能像水一樣自由流動，感應的靈敏度跟使用金屬球的傾斜開關不太一樣，有興趣的讀者可以到電子材料行買來玩玩看！

水銀開關

2-3 實作老人跌倒警報器

跌倒警報器顧名思義就是希望當有人跌倒時，能夠立即發出警示聲音，向周圍的人通報並且尋求幫助。因此跌倒警報器的運作方式應該是傾斜之後，蜂鳴器才發出聲音；沒有傾斜時，蜂鳴器是不發出聲音的。以下就讓我們來實作老人跌倒警報器。

材料

材料	
● 麵包板	1 片
● 跳線	5 條
● 電池盒	1 盒
● AAA 電池	4 顆 (自備)
● 傾斜開關	1 顆
● 蜂鳴器	1 顆
● 100 歐姆電阻 (棕,黑,棕)	1 顆

⟫ 實驗目的

使用蜂鳴器與傾斜開關製作跌倒警報器。當傾斜開關不導通時，蜂鳴器發出聲音；傾斜開關導通時則不發出聲音。

⟫ 跳線

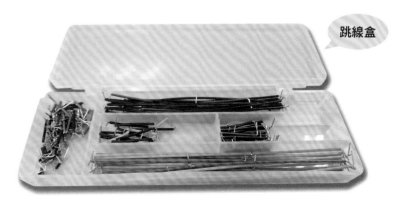

跳線盒

在第 1 章最後的亮度變化小實驗由於電路較為單純，因此我們可以在麵包板上直接把所有電子元件串接起來，然而當電路越來越複雜、使用電子元件越多時就必須靠跳線 (Jumper) 的輔助來連接電路。本章節的實驗電路，便需使用到跳線，因此以第一章的亮度變化小實驗為示範，改以跳線來連接電路的接線圖如下，其中藍色線段便是跳線處，而不同顏色的跳線功能相同，可自由選用：

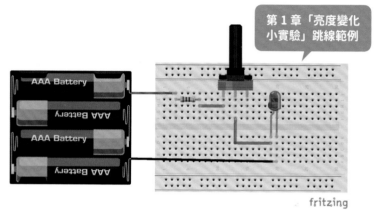

第 1 章「亮度變化小實驗」跳線範例

fritzing

學會跳線之後，就趕緊按照以下的接線來動手操作本章的主題實驗吧！

⟫ 接線圖與電路圖

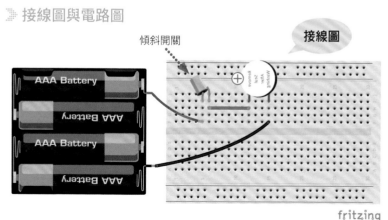

傾斜開關

接線圖

fritzing

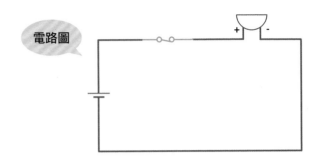

電路圖

電路解析

　　按照接線圖實作之後，你會發現當你串聯傾斜開關、蜂鳴器和電源後，蜂鳴器馬上發出聲音。這是因為傾斜開關立著正放的時候，電路是導通的；而當傾斜開關傾斜超過一定角度之後，裡頭的金屬球就會倒向另一邊、不會接觸到針腳而使電路斷電，因此電流無法通過傾斜開關和蜂鳴器，所以蜂鳴器不會發出聲音警告。這跟我們需要的結果相反，請想一想可以如何改善呢？

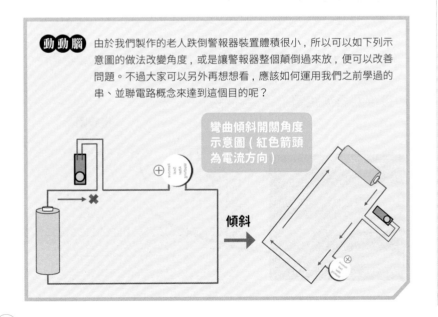

動動腦 由於我們製作的老人跌倒警報器裝置體積很小，所以可以如下列示意圖的做法改變角度，或是讓警報器整個顛倒過來放，便可以改善問題。不過大家可以另外再想想看，應該如何運用我們之前學過的串、並聯電路概念來達到這個目的呢？

彎曲傾斜開關角度示意圖 (紅色箭頭為電流方向)

傾斜

並聯電路實驗

考考你｜並聯電路有很多種接法，以下有 A、B 兩個選項，哪一個才能在傾斜時使蜂鳴器發出聲音，而不傾斜時安靜無聲呢？

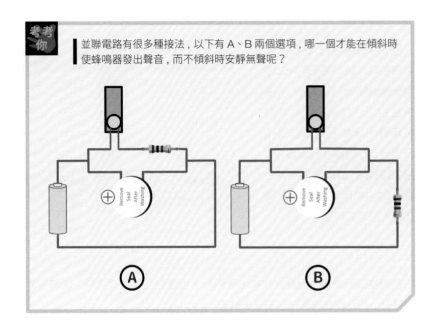

Ⓐ　　　　　　Ⓑ

電路解析

　　電流在並聯電路中會選擇一條較容易走的路線，路線上電阻越小，越容易走，所以電阻越大電流就越小。圖中的 A 選項蜂鳴器無論傾斜或擺正放都會發出聲音。當傾斜開關擺正而導通時 (老人正常站立)，電流除了流經傾斜開關，也有部分電流會流過蜂鳴器支線而使蜂鳴器鳴叫。

　　B 選項則是當傾斜開關導通時 (老人正常站立)，因為電阻極小，所以電流會全部流經傾斜開關，而在蜂鳴器支線則沒有電流因此不會鳴叫；當傾斜開關不導通時 (老人跌倒)，因為傾斜開關是斷路，所以電流全都從蜂鳴器支線經過，而使蜂鳴器發出警示聲音。

因此只有 B 選項才會在老人跌倒時發出警告聲響，而正常站立時安靜無聲喲！你答對了嗎？！

讓我們按照選項 B 的接線圖來實作符合我們所需功能的老人跌倒警報器。

接線圖

100 歐姆（棕，黑，棕）

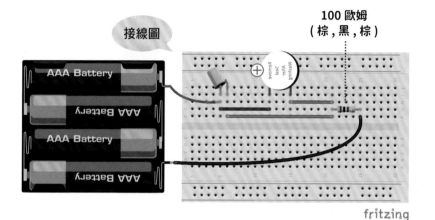

電路圖

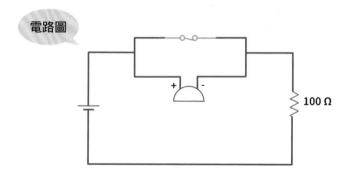

100 Ω

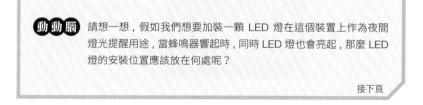

動動腦 請想一想，假如我們想要加裝一顆 LED 燈在這個裝置上作為夜間燈光提醒用途，當蜂鳴器響起時，同時 LED 燈也會亮起，那麼 LED 燈的安裝位置應該放在何處呢？

接下頁

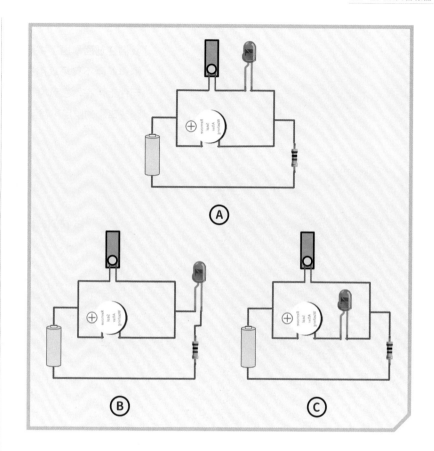

電路解析

答案是 C，使用串聯的概念連接蜂鳴器與 LED 燈，那麼當蜂鳴器有電流流經而鳴叫時，LED 燈同時也會亮起，如此便能達到我們所需的效果。

不選 A 是因為和我們想要的效果相反，傾斜開關擺正時 LED 燈亮起；蜂鳴器響起時，LED 燈反而不亮了！不選 B 的原因則是因為 LED 燈放置的位置，使得電流無論是走傾斜開關支線或蜂鳴器支線都會流經它，導致 LED 燈在任何時間都會亮起。

電子密碼器

我們在前面學過了電阻的串聯跟並聯,事實上串聯與並聯不只可以用在電阻上,也可以用在開關元件上,在本章就會學習到,將多個開關進行並聯或串聯的應用,甚至還可以結合運用 (混聯)。

本章會介紹一種電子元件:指撥開關。可以把它想像成多個開關集合在一起的元件。我們會利用此元件來設計:雙重式防護開關 (串聯)、公車下車鈴 (並聯)、電子密碼器 (混聯) 的應用。

3-1 指撥開關介紹 (DIP switch)

指撥開關實體圖

上圖就是我們這章的主角:指撥開關。它上面有 6 個獨立控制的小開關 (因此可稱為 6p 的指撥開關):

上面有 6 個小開關

⏵ 運作方式

每個小開關的下方都有 2 隻腳，當我們將開關上的小白鍵往上撥時，這兩隻腳就會導通，反之則不導通。下圖以綠點代表小白鍵向上撥、紅點代表小白鍵向下撥 (記憶法：紅燈停綠燈行)：

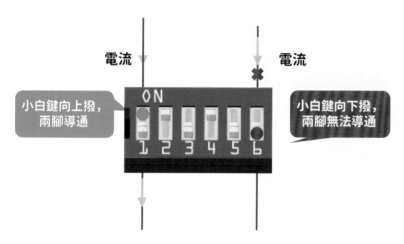

⏵ 接線圖與電路圖

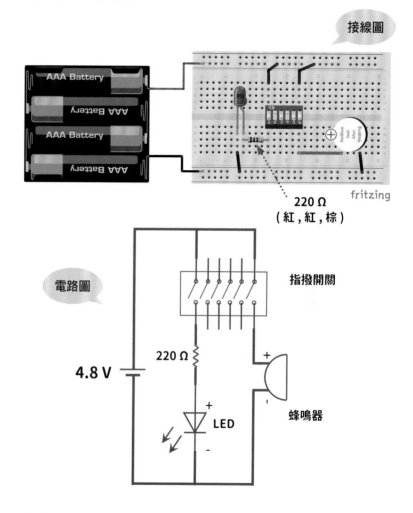

3-2 用指撥開關控制 LED 與蜂鳴器

首先，我們先來透過其中 2 個小開關來獨立控制 LED 與蜂鳴器，藉此熟悉一下指撥開關的用法：

⏵ 實驗目的

透過指撥開關控制 LED 與蜂鳴器。

材料

● AAA 電池	4 顆
● 電池盒	1 個
● 6p 指撥開關	1 個
● LED	1 顆
● 蜂鳴器	1 個
● 220Ω 電阻 (紅, 紅, 棕)	1 個

完成後試試看撥動編號 1 與編號 6 的小開關，驗證它們是否個別控制了 LED 與蜂鳴器。

3-3 雙重防護式開關的設計思維 (開關的串聯)

既然我們有 6 個獨立的開關，現在我們來玩玩開關與開關之間的搭配。在這個小節中，我們要建構一個安全式設計的開關。什麼是安全式設計的開關呢？還記得多年前的飛彈誤射事件嗎？

如果只用單一顆按鈕來控制飛彈的發射，不小心誤觸到開關就事情大條了，想想看，如何把電路設計成：必須要同時打開兩個開關，才能啟動裝置 (這裡的裝置以 LED 燈做為示範)。

材料	
• AAA 電池	4 顆
• 電池盒	1 個
• 6p 指撥開關	1 個
• LED	1 顆
• 220Ω 電阻 (紅,紅,棕)	1 個

實驗目的

以開關串聯的技巧，達到安全式設計。

接線圖與電路圖

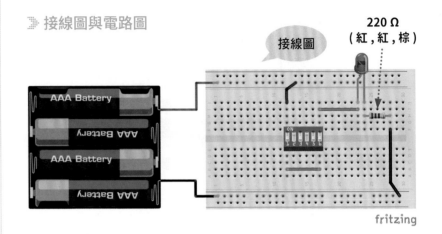

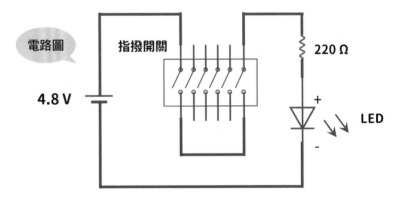

此電路必須同時將 1 號開關與 6 號開關向上撥 (過 2 關)，LED 燈才會亮，這就是開關的串聯運用。這裡我們只用上了 2 個小開關，請讀者自行嘗試，將 6 個小開關都用上，設計一個更加安全的開關 (必須同時打開所有開關)。

3-4 公車下車鈴的設計思維 (開關的並聯)

有搭過公車的讀者應該不陌生,當快抵達目的地時,必須按下「下車鈴按鈕」,讓下車鈴發出聲音,這樣公車司機才會知道下一站要停車。

而這樣的下車鈴按鈕分布在公車上多個位置,但乘客按下其中任一個按鈕,都可以讓下車鈴發出聲音。想想看,怎麼做到的呢?以下利用開關並聯的技巧,可以達到這件事,試試看吧!

材料

• AAA 電池	4 顆
• 電池盒	1 個
• 6p 指撥開關	1 個
• 蜂鳴器	1 個

⟩ 實驗目的

以並聯開關的技巧,讓 2 個開關控制同一顆蜂鳴器。

⟩ 接線圖與電路圖

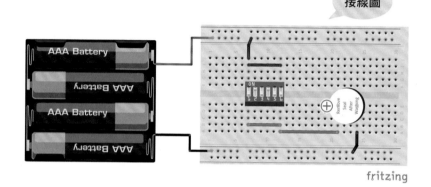

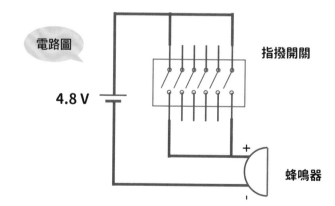

此電路不管是 1 號開關導通、6 號開關導通、或者兩個都導通,皆可使蜂鳴器發出聲音。這裡我們只用上了 2 個小開關,請讀者自行嘗試,將下車鈴擴展為 6 個吧!

3-5 2p 電子密碼器

前面我們已經練習了開關的串聯與並聯，現在來將它們結合 (混聯)，設計一個電子密碼器吧！一開始先來點簡單的，我們只用 2 個小開關 (所以稱為 2p) 來設計開關密碼。請想想，以下的開關 1、開關 2 應該怎麼撥，LED 燈才會亮？

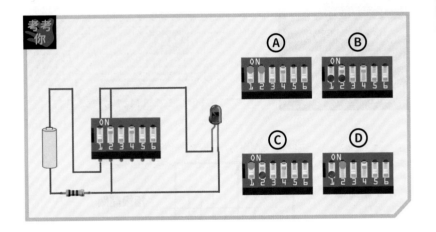

正確答案就是 C。我們可以從這個簡單的電路來理解設計概念，先看看編號 1 的開關，因為我們想要設計它為 " 開 "，所以它必須跟 LED 是串聯的關係，我們簡化成下圖你就會比較清楚了：

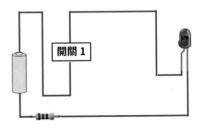

由上圖可知，當開關 1 關閉時，電流無法流過 LED，當它打開時，LED 才會亮。

接著我們來看看編號 2 開關，因為我們想要設計它為 " **關** "，所以它必須跟 LED 是**並聯**的關係，我們一樣來看看簡化圖：

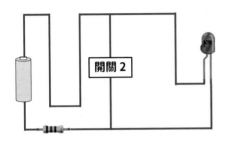

從上圖可知，開關 2 與 LED 是並聯關係，當開關 2 導通時，因為開關路徑的電阻幾乎為 0，所以電流會全部走開關 2 的路徑，這樣 LED 就不亮了，所以開關 2 必須保持關閉 (不導通)。

▶ 實作 2p 電子密碼器

接著我們來實際完成這個電路，驗證看看是否正確。

材料	
● AAA 電池	4 顆
● 電池盒	1 個
● 6p 指撥開關	1 個
● LED	1 顆
● 220Ω 電阻 (紅 , 紅 , 棕)	1 個

▶ 實驗目的

實作 2p 電子密碼器

▶ 接線圖與電路圖

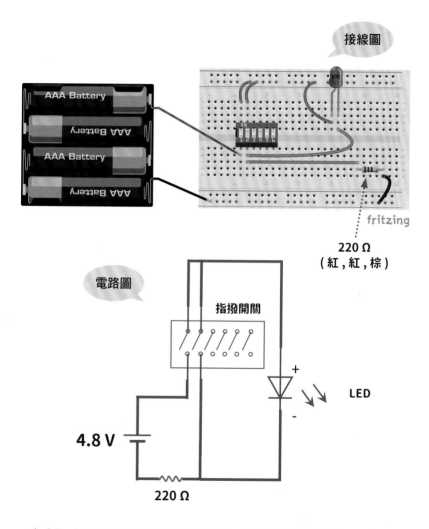

接線圖

AAA Battery
AAA Battery
AAA Battery
AAA Battery

fritzing

220 Ω
(紅 , 紅 , 棕)

電路圖

指撥開關

LED

+

-

4.8 V

220 Ω

完成後，請將開關 1、開關 2 撥成答案 C 的位置，驗證看看是否正確吧！

3-6 6p 電子密碼器

完成 2p 電子密碼器後，現在要來點複雜的了，我們總共有 6 個小開關，現在要設計一個 6p 電子密碼器，當 6 個小開關都撥到正確位置時 (正確的密碼)，電路才會正常運作 (這裡以點亮 LED 來表示密碼正確)。想想看，以下電路的密碼是什麼？

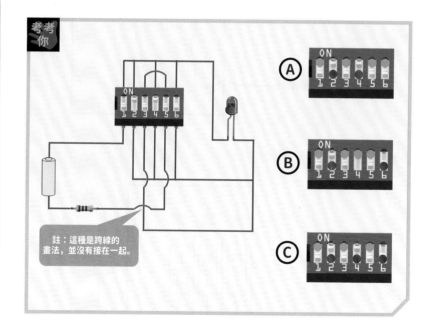

考考你

ON
1 2 3 4 5 6

A
ON
1 2 3 4 5 6

B
ON
1 2 3 4 5 6

C
ON
1 2 3 4 5 6

註：這種是跨線的畫法，並沒有接在一起。

正確答案就是 C。請試試看去辨認每個小開關是與 LED 串聯還是並聯，我們來將看看簡化後的串聯圖與並聯圖就會比較清楚了。

▶ 串聯關係圖

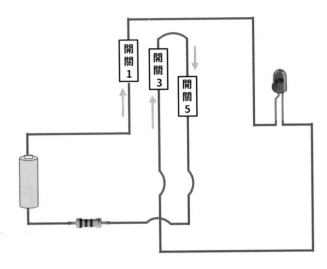

▶ 並聯關係圖

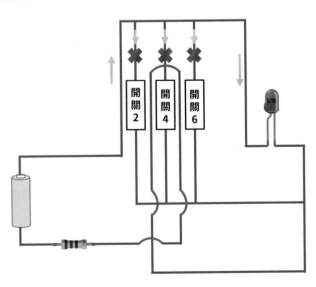

請注意，雖然我們把串聯圖跟並聯圖分開來看，但是它們是互為相依關係的，例如我們在串聯關係圖中，預設開關 2、4、6 為關閉；在並聯關係圖中，預設開關 1、3、5 為開啟。

▶ 實作 6p 電子密碼器

了解到它的原理後，我們來試著用實作驗證看看吧：

材料	
● AAA 電池	4 顆
● 電池盒	1 個
● 6p 指撥開關	1 個
● LED	1 顆
● 220Ω 電阻 (紅 , 紅 , 棕)	1 個

▶ 實驗目的

實作 6p 電子密碼器

▶ 接線圖與電路圖

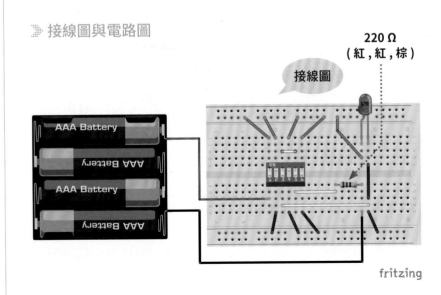

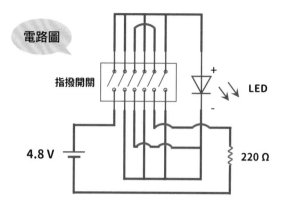

電路圖

指撥開關

LED

4.8 V

220 Ω

完成後，請將 6 個開關都撥成答案 C 的位置，確認是否只有正確位置，才能讓 LED 發光吧！

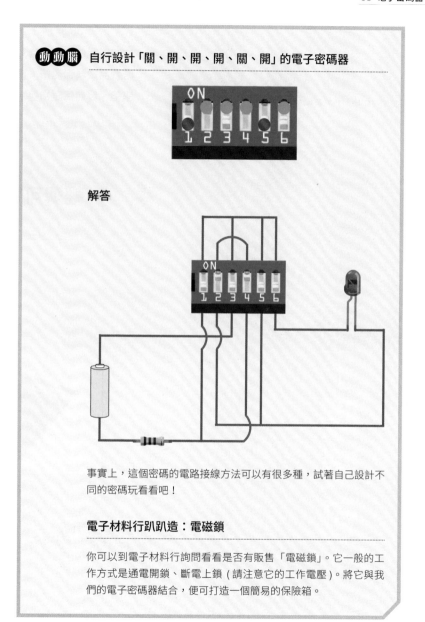

動動腦 自行設計「關、開、開、開、關、開」的電子密碼器

解答

事實上，這個密碼的電路接線方法可以有很多種，試著自己設計不同的密碼玩看看吧！

電子材料行趴趴造：電磁鎖

你可以到電子材料行詢問看看是否有販售「電磁鎖」。它一般的工作方式是通電開鎖、斷電上鎖 (請注意它的工作電壓)。將它與我們的電子密碼器結合，便可打造一個簡易的保險箱。

CHAPTER

電子暖暖包

你知道我們生活中常見的冰箱除霜功能、便利商店食品飲料保溫箱、影印機碳粉預熱及保暖馬桶座墊、發熱保暖椅墊、烤麵包機、護貝機加熱等，都是不同種類的電熱片應用嗎？本章節將帶大家認識電熱片，並搭配按壓開關製作在凜冽冬日中非常實用的電子暖暖包。

4-1 輕薄可彎曲的電熱片

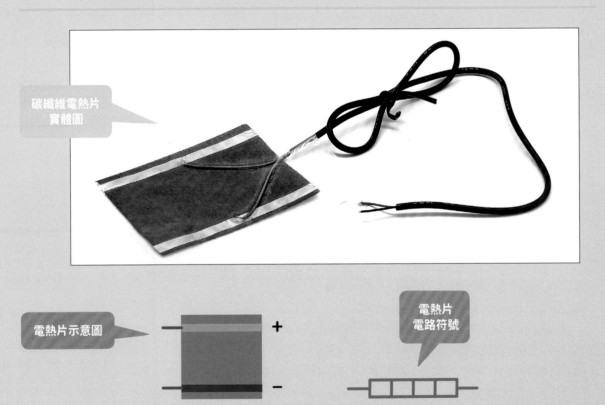

碳纖維電熱片
實體圖

電熱片示意圖

+

−

電熱片
電路符號

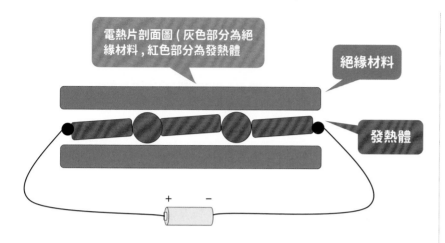

電熱片剖面圖 (灰色部分為絕緣材料, 紅色部分為發熱體)

絕緣材料

發熱體

電熱片是由外層絕緣材料包覆著內部的發熱體而組成, 並具有輕薄、可彎曲之特性。電熱片之所以能夠發熱, 是由於電子在通過發熱體的過程中, 與原子產生碰撞、振動而導致溫度上升, 因此電能可以轉換為熱能。發熱體及絕緣材料的種類決定了電熱片的溫度, 市面上有各種材質的電熱片, 本章實驗選擇的是發熱溫度介於 38~50 ℃、適合作為暖暖包使用的碳纖維電熱片。

4-2 中斷或導通電流的按壓開關

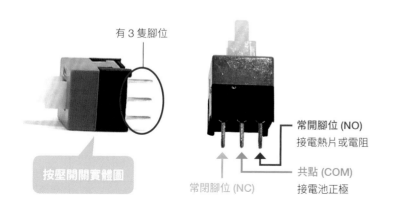

有 3 隻腳位

按壓開關實體圖

常開腳位 (NO)
接電熱片或電阻

常閉腳位 (NC)

共點 (COM)
接電池正極

按壓開關示意圖

按壓開關電路符號

NO

COM

NC

⚠ **請注意!** 此元件通常是焊在電路板而不是插在麵包板的, 所以待會做實驗時, 可能會因為腳位太短而容易從麵包板彈起, 此時請用手壓住或者以黏土固定即可。

　　本章實驗使用的是 3 隻腳的按壓開關, 如左下實體圖所示, 把開關直立後, 將 3 腳位面向我們時, 中間腳位為共用點 (COM), 簡稱共點, 左邊腳位為常閉腳位 (Normally Close, NC), 右邊腳位為常開腳位 (Normally Open, NO)。常閉腳位 (NC) 表示按壓開關未動作時, 共點與 NC 接點導通; 按下開關後則不導通。常開腳位 (NO) 表示按下開關後共點與 NO 接點才導通; 按壓開關未動作時, 接點為不導通狀態。根據所需功能不同會有兩種電路連接法, 在本章中的接法為: 共點連接電池正極, 常開腳位連接電阻或電熱片。關於 3 腳位開關的詳細內容會在第 5、6 章中說明。

未按開關前: COM 與 NC 導通

NO

COM

NC

按下開關後: COM 與 NO 導通

NO

COM

NC

　　按壓開關可以用來導通和中斷電路, 平常處於初始狀態 (斷電), 只有在手動按下開關時才轉換到另一種狀態 (通電)。

未按開關：斷電

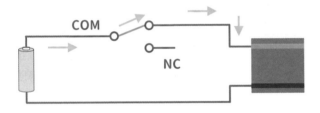

按壓開關原理圖

按下開關：通電

延伸閱讀

按壓開關分為「有段開關」和「無段開關」兩類。本章實驗使用的是有段開關。「有段開關」又稱為維持型按鈕開關：按下按鈕後，接點開始導通電路；當手鬆開時，接點持續導通，直到再按一次按鈕，接點才會恢復初始狀態而斷電。

而「無段開關」又稱復歸型按鈕開關：按下按鈕後，接點開始導通電路；但當手一鬆開，接點馬上就恢復初始斷電狀態。

4-3 實作電子暖暖包

接下來，我們就趕緊進入主題，一起來按照接線圖動手實作在冬天裡非常實用的電子暖暖包！

▷ 實驗目的

使用按壓開關結合電熱片製作電子暖暖包，當按下按壓開關則通電，使電熱片溫度上升；再次按下開關則斷電，讓電熱片溫度下降。

▷ 鱷魚夾

鱷魚夾

壓下即可張開鱷魚嘴，夾住元件

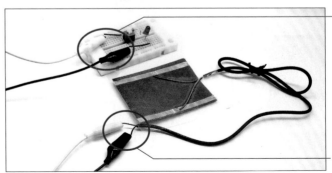

用鱷魚夾夾住導線

用鱷魚夾夾住電熱片的接線

在實作電子暖暖包時，我們會用到鱷魚夾，當電子元件不適合插線在麵包板上時，可以利用鱷魚夾夾住兩端的電子元件來快速連接，只要按壓鱷魚夾打開夾住電子元件針腳及導線就能通電，而再次按壓取下元件或導線就能斷電，非常方便。不過要注意夾好鱷魚夾之後，就要將外覆的絕緣塑膠套往前推包覆好，不要讓金屬夾的部分外露，如下面的步驟圖示，否則兩個金屬夾之間容易互相觸碰導通電流而發生短路危險喔！

打開鱷魚夾夾住正極電線
❶

每次夾好後都要記得將塑膠套往前推包覆好！
❷

❸
打開鱷魚夾夾住負極電線

❹
記得將塑膠套包覆好！塑膠套有絕緣作用，才能隔絕金屬夾之間的電流導通

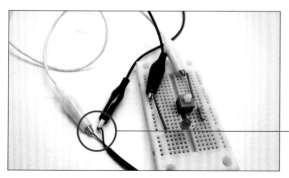

✕
錯誤：若鱷魚夾的絕緣塑膠套未包覆完整，就容易讓兩個金屬夾互相觸碰導通電流而發生短路喲！

材料

● 麵包板	1 塊	● 電熱片	1 片
● 電池盒	1 盒	● 鱷魚夾線	1 組 2 條
● AAA 電池	4 顆（自備）	● 跳線	2 條
● 按壓開關	1 顆		

⯈ 接線圖與電路圖

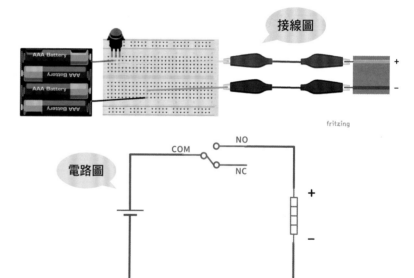

接線圖

fritzing

電路圖

⯈ 功率

在這邊我們要來認識功率，功率（Power）指的是能量轉換或使用的速率，電也屬於能量的一種，且電能可以轉換成熱能及光能。計算電子設備的使用功率只需要知道設備的電壓和電流，再藉由以下的公式計算即可得知：

$$功率（W）＝電壓（V）× 電流（A）$$

功率的國際標準制單位是瓦特 (W)，當瓦特數越高時，表示單位時間所耗的電力越高。而不同的電子元件都有各自不同的最大使用功率限制，若是超過的話，元件會承受不住電壓電流而燒毀。例如本套件所使用的電阻器都是 1/2 W。

而電熱片的電阻約為 5Ω，如果施加 5 V 電壓，則會有 1 A 的電流流過電熱片，這是電熱片可以正常運作發熱的電壓電流。

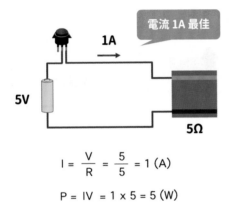

電流 1A 最佳

1A

5V

5Ω

$$I = \frac{V}{R} = \frac{5}{5} = 1 \ (A)$$

$$P = IV = 1 \times 5 = 5 \ (W)$$

而當電池電量快耗盡時，因無法提供足夠的電壓電流而導致電熱片發熱量不足，此時請更換電池。

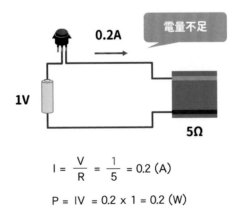

電量不足

0.2A

1V

5Ω

$$I = \frac{V}{R} = \frac{1}{5} = 0.2 \ (A)$$

$$P = IV = 0.2 \times 1 = 0.2 \ (W)$$

所以理論上，施加越大的電壓電流會讓電熱片發出更多熱，但需注意電熱片最大使用功率，請勿使用 15 V 以上的電池，讓 3 A 以上的電流流過電熱片。

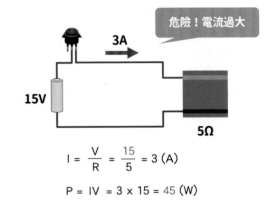

危險！電流過大

3A

15V

5Ω

$$I = \frac{V}{R} = \frac{15}{5} = 3 \ (A)$$

$$P = IV = 3 \times 15 = 45 \ (W)$$

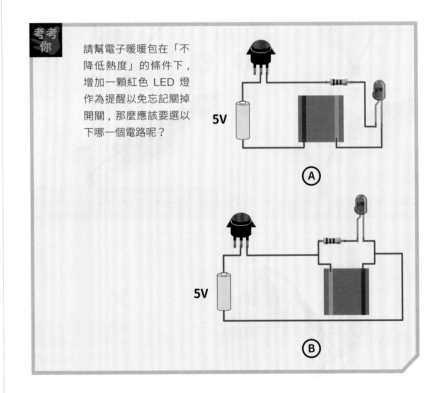

考考你 請幫電子暖暖包在「不降低熱度」的條件下，增加一顆紅色 LED 燈作為提醒以免忘記關掉開關，那麼應該要選以下哪一個電路呢？

5V

Ⓐ

5V

Ⓑ

⟩ 電路解析

還記得我們在第一章時說過「一般紅色的 LED
燈可承受電壓範圍為 1.8V～2.4V 之間，電流則
需要在 20 mA 左右。只要串連一個適當的電阻在
電路中，將電流擋住、限制過大的電流流過，就能
夠降壓。」因此在選項 A 的電路中，通過 LED 之
後的電流將僅剩 20 mA 左右，而我們在前面提過
電熱片正常電流約為 1A，等於 1000mA，若電流
僅剩 20 mA 通過，則電熱片無法正常工作達到它
原來的溫度，也就不符合題目要維持原來熱度的
條件，所以不能選 A。同樣的原理，選項 B 之中，
電阻與 LED 串聯的支線僅需 20 mA 的電流通過，
故其餘大部分電流都會通過電熱片，因此電熱片
能維持和原來相近的溫度，符合題目的需求，所以
答案要選 B。

答對了之後，讓我們來實際動手製作增加紅色
LED 燈提醒的電子暖暖包電路吧！請按照下表材
料與接線圖操作：

材料

材料	
● 麵包板	1 塊
● 電池盒	1 盒
● AAA 電池	4 顆 (自備)
● 按壓開關	1 顆
● 電熱片	1 片
● 220 歐姆電阻 (紅,紅,棕)	1 顆 (1/2 W)
● 鱷魚夾線	1 組 2 條
● 跳線	3 條
● 紅色 LED 燈	1 顆

⟩ 接線圖與電路圖

**220 歐姆電阻
(紅,紅,棕)**

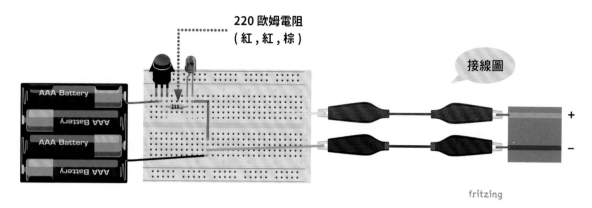

接線圖

fritzing

電路圖

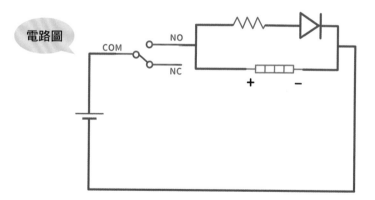

樓梯燈開關設計

樓梯燈的開關通常在樓梯間的牆壁上，假設從 1 樓開燈後走上 2 樓，此時想要關燈，就需要另一個開關也可以控制同 1 顆燈，你有沒有想過這種電路是怎麼設計的呢？本章就要帶你實作這樣的樓梯燈電路。

5-1 用按壓開關控制 2 個電路

上一章介紹過按壓開關的使用方法並且應用了 3 個腳位中的 2 個腳位，在本章就要使用 3 個腳位達到控制複雜電路的效果！

> ⚠ **請注意！**此元件通常是焊在電路板而不是插在麵包板的，所以待會做實驗時，可能會因為腳位太短而容易從麵包板彈起，此時請用手壓住或者以黏土固定即可。

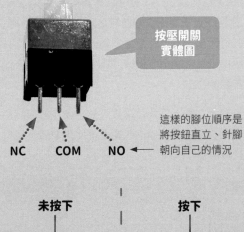

按壓開關
實體圖

NC　　COM　　NO ←

這樣的腳位順序是將按鈕直立、針腳朝向自己的情況

按壓開關有 2 種模式可以切換，1 種是按鈕未按下 (彈起) 時 COM 與 NC 腳位連通、同時 COM 與 NO 腳位不連通；1 種是按下按鈕時 COM 與 NO 腳位連通、同時 COM 與 NC 腳位不連通，按下或彈起按鈕就可以在 2 個模式間切換，只要將 2 組不同的電路連接到 NO、NC 就能同時控制 2 組電路的通路與斷路了。

按壓開關作用
示意圖

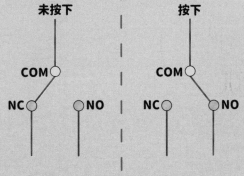

未按下　　　　　　按下

COM　　　　　　COM

NC　　　NO　　　NC　　　NO

5-2 遠近燈實驗

介紹完按壓開關之後，馬上來試看看他在電路中的應用吧！在汽車、摩托車上都會有照明用的燈，因應環境的不同可以切換遠燈、近燈，在本節實驗中要製作遠近燈展示按壓開關的功能。

▶ 實驗目的

使用 1 顆開關控制 2 顆 LED 燈。

材料	
● AAA 電池盒	1 盒
● 按壓開關	1 顆
● LED 燈	2 顆
● 220 歐姆電阻 (紅 , 紅 , 棕)	2 顆

▶ 接線圖與電路圖

電路圖

NC 220 Ω
COM
4.8 V
NO 220 Ω

請將針腳朝向自己

接線圖

NC　COM　NO

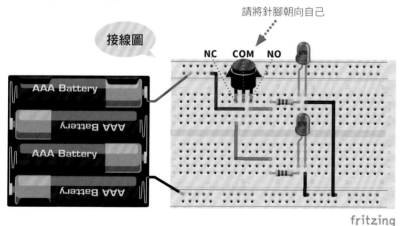

fritzing

▶ 電路解析

在電路圖中可以看到按壓開關使得同一時間內只能有 1 條電路流通，並且在每次按下開關後切換成另一個燈，就跟汽車、摩托車上切換遠近燈的原理一樣！

5-3 樓梯燈實驗

按壓開關方便好用的地方不只可以做成遠近燈，將多個按壓開關排列組合還能有更強大的功能，就是接下來要實作的樓梯燈實驗！

▶ 實驗目的

使用 2 顆開關控制 1 顆 LED 燈。

材料	
● AAA 電池盒	1 盒
● 按壓開關	2 顆
● LED 燈	1 顆
● 220 歐姆電阻 (紅 , 紅 , 棕)	1 顆

請將針腳朝向自己

接線圖

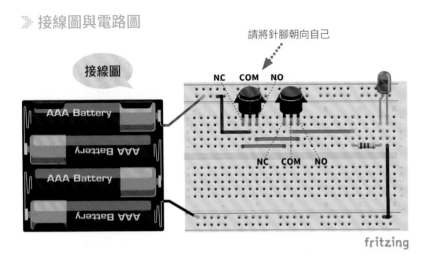

fritzing

電路圖

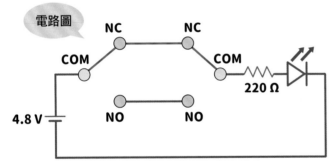

➤ 電路解析

　　電路依照接線圖接好後 LED 燈會亮起，你可以先按下右邊的開關，讓 LED 燈滅掉。接下來就要模擬樓梯燈的運作流程。假設右邊的開關代表 1 樓的樓梯燈開關、左邊的開關代表 2 樓的樓梯燈開關，原始狀態時人在 1 樓要上去 2 樓、此時燈是關著的，左邊 2 樓開關連接 NC 腳位、右邊 1 樓開關連接 NO 腳位，整個電路形成斷路不導通。

原始狀態

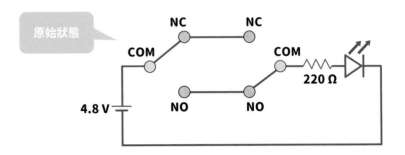

　　在 1 樓按下樓梯燈開關後，樓梯燈亮起，在電路中等同於按下右邊開關後，讓右邊開關連接 NC 腳位，整個電路會形成通路導通、LED 燈亮起。

按下（右邊開關）、開燈

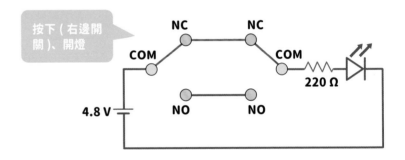

　　當人走上 2 樓需要關燈的時候，按下 2 樓的開關，樓梯燈關閉。在電路中相當於按下左邊開關，讓左邊開關連接 NO 腳位，電路又形成斷路不導通、LED 燈滅掉，就完成了樓梯燈的實驗了！

按下（左邊開關）、關燈

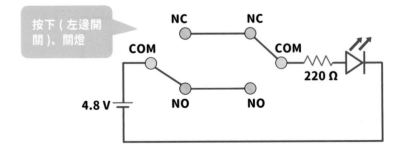

延伸閱讀

本章是透過 2 個有段按壓開關來模擬樓梯燈的運作模式,若你要實際在家中裝樓梯燈,可以到水電行或電子材料行購買 " 三路開關 " 來安裝;但有時候我們會需要使用 3 個 (或以上) 的開關來控制一盞燈,例如以下的情況:

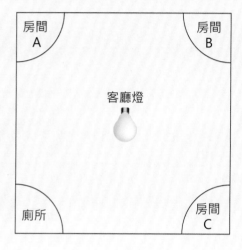

如果晚上需要上廁所時,房間 A、B、C 各自都需要一個開關來打開客廳的燈,以免摸黑走到廁所。這時你可以跟水電行老闆多買一個 " 四路開關 "。將 2 個三路開關與 1 個四路開關串接在一起就可以做到多點開關,其中每個開關都可以獨立控制客廳燈:

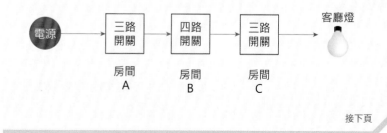

接下頁

如果想要再增加開關數量,只需要再購買四路開關,並加入其中即可:

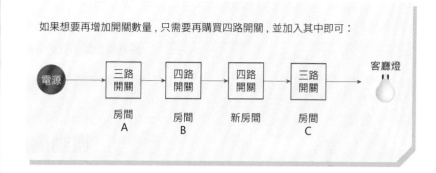

摩斯密碼**聲音模擬器**

在電影裡看過情報員或探員之間使用短音與長音排列組合發出聲音，用這種特別的方式溝通，避免情報或資訊輕易被外人看透。本章要帶你透過 RC 電路實作這種酷炫的溝通方式。

6.1 微動開關

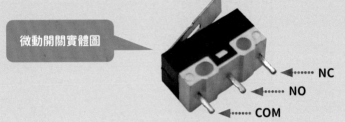

微動開關實體圖

NC
NO
COM

> ⚠ **請注意！**此元件通常是焊在電路板而不是插在麵包板的，所以待會做實驗時，可能會因為腳位太短而容易從麵包板彈起，此時請用手壓住或者以黏土固定即可。

之前已經介紹過傾斜開關與有段開關，這次要介紹稍微複雜一點的開關稱作微動開關，它有 3 隻腳分別代表 NC (Normally Close, 常閉)、NO (Normally Open, 常開)、COM (共用，開關上標示為 C)，常閉表示這隻腳跟 C 腳平常是通路、常開表示這隻腳跟 C 腳平常是斷路，可以製作出更多元的電子電路組合。

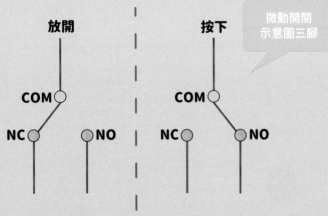

放開

COM
NC   NO

按下

COM
NC   NO

微動開關示意圖三腳

如圖所示 COM 腳位的端點可以在 NO、NC 腳位間切換，平時的 NC 腳位與 COM 腳位形成通路、NO 腳位與 COM 腳位形成斷路，當按下微動開關時，NC 腳位與 COM 腳位形成斷路、NO 腳位與 COM 腳位形成通路，如此就可以使用一個開關控制兩組電路了！

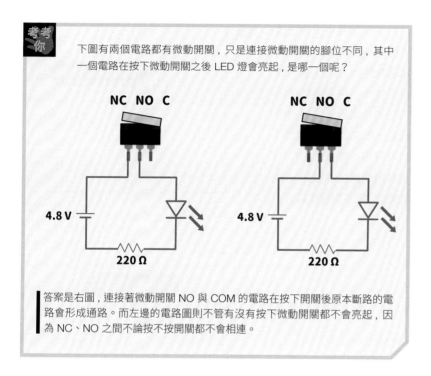

考考你

下圖有兩個電路都有微動開關，只是連接微動開關的腳位不同，其中一個電路在按下微動開關之後 LED 燈會亮起，是哪一個呢？

答案是右圖，連接著微動開關 NO 與 COM 的電路在按下開關後原本斷路的電路會形成通路。而左邊的電路圖則不管有沒有按下微動開關都不會亮起，因為 NC、NO 之間不論按不按開關都不會相連。

6.2 電容器

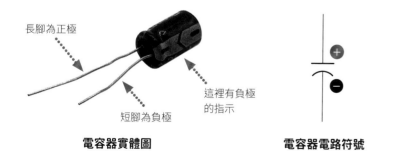

長腳為正極

短腳為負極

這裡有負極的指示

電容器實體圖　　　　**電容器電路符號**

電容器 (Capacitor)，簡稱電容，是一個可以儲存電能的電子元件，只要將電容與電池的正極與正極相接、負極與負極相接，即可進行充電。充飽電後的電容可以視為一顆電池，我們可以在需要用電的時候，將電容儲存的電拿出來用 (放電)，例如連接一個負載。依製作的材質可以分為有正負極之分的鉭質電容、電解電容，與不分正負極的陶瓷電容。本章使用的是電解電容，所以在連接電路時要**注意正負極不能接反，否則可能會爆炸！**，接下來的電路圖中也會在圖示上標示正負極。

本章中將利用其可以儲存電能的特性與微動開關連接，使電容在按下微動開關後放電，放開微動開關時充電。

6.3 暫態與穩態

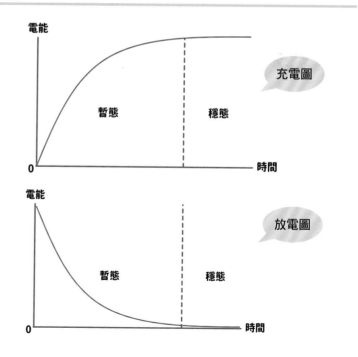

電容會在連接電池時充電並累積電能，其過程就如上圖所示電能隨著時間上升直到接近電容的極限值或與電源電壓相等後趨緩，當電容連接負載時放電並消耗電能，其過程就如右圖所示電能隨著時間下降直到電能耗盡。

在這過程中，電容一開始尚未充電時與電能儲存完畢時的狀態都稱為穩態，而充電或放電的過程就稱為暫態。

6.4 RC 充放電路

RC 電路 (Resistor–Capacitor circuit)，是一種由電阻器與電容器組合而成的電路，並可以透過不同的搭配來控制電容的充放電時間。最基本的 RC 電路組成就如下圖所示，可以透過剛才提到的微動開關控制 RC 電路的充電或放電。

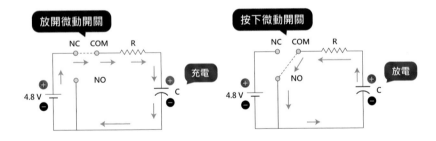

在 RC 電路充電時，電池會不斷釋放電能給電容，當電容的電壓與電池的電壓接近相等時則因為沒有電壓差，電流停止流動，並結束充電；放電時則是將電能從電容釋出到負載，將電能轉換成熱、光等形式，當電能釋放完畢時則結束放電。

而 RC 電路中影響充放電速度的因素就是電容和電阻的乘積，當電容量大或電阻值大、電容需要更久的時間才能累積到足夠的電能、充放電速度也越慢；當電容量小或電阻值小、電容很快就能累積到足夠的電能、充放電速度越快。

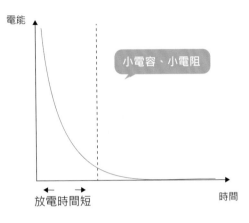

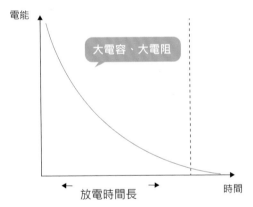

6.5 動手做摩斯密碼聲音模擬器

介紹完原理與元件後，接下來就要利用 RC 電路、蜂鳴器、微動開關動手做一個摩斯密碼聲音模擬器！但在開始之前，需要考考你是不是真的理解各個元件運作的流程與方法。

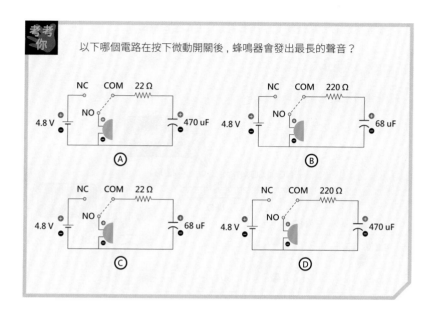

考考你

以下哪個電路在按下微動開關後,蜂鳴器會發出最長的聲音?

A B C D

答案是 D。因為 220 歐姆的電阻與 470uF 的電容相乘最大,所以放電時間最長,使得蜂鳴器聲音持續最久。接下來我們實際完成電路,驗證看看結果吧!

材料

● 電阻 22Ω (紅,紅,黑)	1 顆
● 電阻 220Ω (紅,紅,棕)	1 顆
● 電容 470uF	1 顆
● 電容 68uF	1 顆
● 3 腳微動開關	1 顆
● 蜂鳴器	1 顆

➤ 接線圖與電路圖

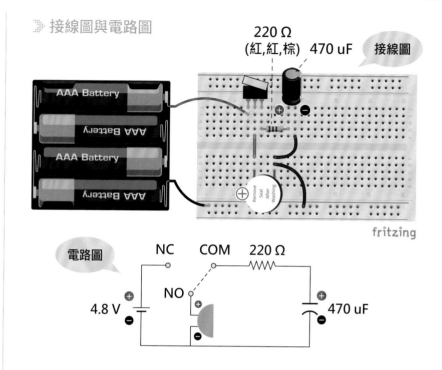

➤ 電路解析

RC 電路的充放電時間是根據電阻值與電容值的大小來決定的。你可以試著將電阻換成 22 歐姆或將電容換成 68 uF (也可以一起都換),這樣會縮短放電的時間,蜂鳴器發出的聲音就變短啦!

聰明的讀者可能已經想到了,在摩斯密碼中就是透過短音與長音的排列組合傳遞訊息,可以直接用開關、喇叭、電源做出類似的效果,為什麼還要連接一個 RC 電路呢?其實是要統一長短音的持續時間,人類無法很精準地計算時間,你可以按下碼表並在心中默數十秒後,再看看與碼表的差異。所以只用開關的話每次的長音、短音持續的時間會因人而異,沒有一致的標準,例如要嚴格控制長音持續 2 秒就有難度了。而透過 RC 電路我們可以嚴格限制長音、短音持續的時間,如此一來就能統一訊號的格式了!

6-6 透過 LED 燈呈現充電過程

前面電路是在電容的放電路徑上接一個蜂鳴器，所以 "放電過程" 的時間長短會反應在蜂鳴器發出的聲音上；現在如果要透過 LED 燈來呈現 "充電過程"，該如何做到呢？

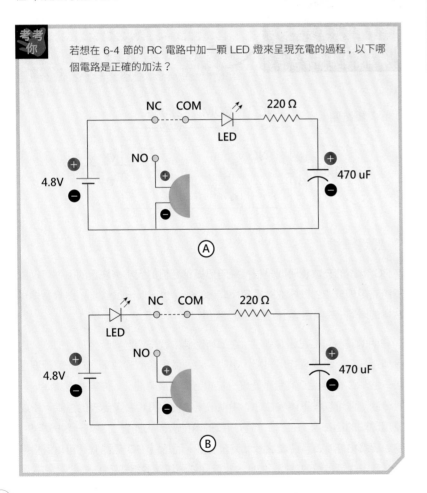

考考你 若想在 6-4 節的 RC 電路中加一顆 LED 燈來呈現充電的過程，以下哪個電路是正確的加法？

正確答案是 B。為什麼呢？來看看以下的電路解析吧！

▶ 電路 A 解析

先來看看電路 A 充電時的情況：

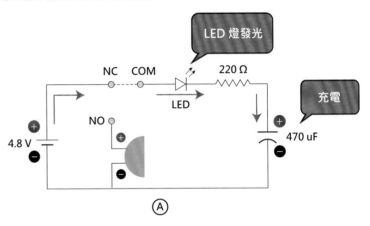

充電時看起來沒什麼問題，充電電流會流過 LED 使它發亮；請注意，當電容充飽後，因為電容與電池沒有電位差，所以電流不在流動，LED 就熄滅了。接著來看看按下微動開關，讓電容放電的情形：

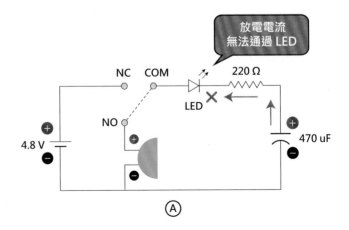

電路 A 在電容放電時會發生問題，還記得我們介紹 LED 時有說過，LED 的長腳 (正極) 要接電路的正極，短腳 (負極) 要接電路的負極，這代表電流只能從 LED 的正極流向負極；所以電容的放電電流無法通過 LED 燈，而此電路也卡在這個狀態，落入了無法再次充放電的窘境了！

電路 B 解析

接著我們來看看電路 B，先來看看充電的情形：

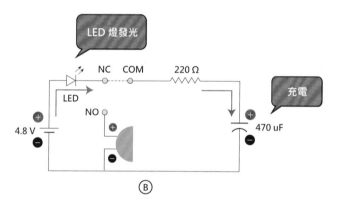

充電時一樣看起來沒什麼問題，LED 位於充電路徑上，呈現了電容充電的過程. 接著來看看放電會有問題嗎？

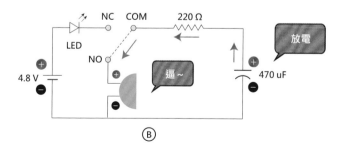

可以看到電路 B 的 LED 位置巧妙的避開了電容的放電路徑，不會阻擋到電流的流動，所以答案要選 B。

接著來實際動手做出電路 B，驗證看看答案是否正確吧！

實驗目的

透過 LED 呈現 RC 電路的充電過程。

材料

● 電阻 220 歐姆 (紅，紅，棕)	1 顆
● 電容 470 uF	1 顆
● 3 腳微動開關	1 顆
● 蜂鳴器	1 顆
● LED 燈	1 顆

接線圖與電路圖

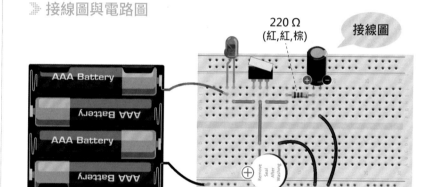

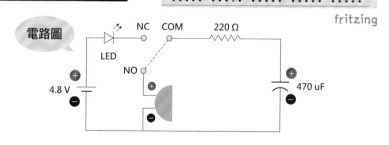

電路解析

完成電路後，請根據前面的說明，觀察 LED 是否在微動開關放開後會亮起，接著會隨電容的充電量增加而慢慢變暗，最終熄滅！

冰箱門未關警報器

筆者小時候常因為冰箱門沒關好而被罵,很多人可能和筆者一樣,因為一時疏忽而導致冰箱內食物都退冰的慘劇。而門沒關好的原因有很多,可能是冰箱東西太多導致關不緊、或是冰箱因老舊而導致門會彈開一點點、也可能只是單純急著跑出去玩而沒關 ...。不管原因為何,現在就來做一個冰箱門未關警報器來防止這種情況吧!

在這章我們會介紹磁簧開關,並運用磁鐵與蜂鳴器來搭配使用。當冰箱門沒關好時,蜂鳴器就會發出聲音警告你!

7-1 磁簧開關 (Reed switch)

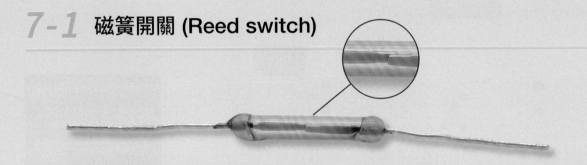

這就是我們這章的主角「磁簧開關」。它誕生於 1936 年,由貝爾電話實驗室的沃爾特 . 埃爾伍德 (Walter B. Ellwood) 所發明。目前廣泛應用在家電、汽車、通訊、工業、醫療 ... 等等各種領域之中。接著我們來看看它的結構與原理:

⯈ 磁簧開關的結構

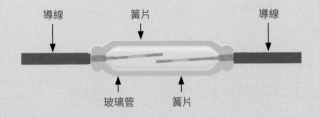

如圖所示，玻璃管內是兩片可磁化的簧片，並以導線引出，方便你待會插在麵包板上。而需要特別注意的是，此玻璃易碎，讀者在使用時除了要小心碰撞與掉落之外，待會我們在折彎兩端的導線時，**須特別留意折點不可離玻璃管太近，以免玻璃因施力而破碎：**

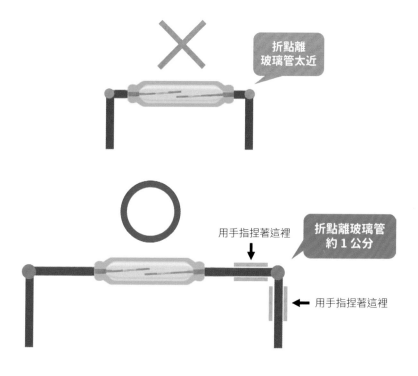

⇶ 磁簧開關的原理

前面我們已經使用過一般的開關元件，例如按鈕開關需要透過按壓的動作來改變導通或不導通的狀態。

而磁簧開關的特點是：會因為磁力而改變導通的狀態（我們會使用一個磁鐵來產生磁力變化），請看以下兩種情形：

1. 不導通

當磁鐵遠離磁簧開關時，兩片簧片因本身的彈力而分開，它們之間沒有接觸，所以 A、B 兩端點無法導通：

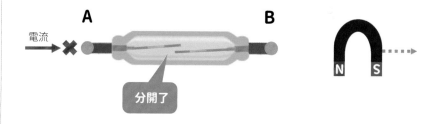

2. 導通

而當我們拿磁鐵靠近磁簧開關時，中間的簧片會因磁化而相吸，當吸力大於簧片的彈力時，兩簧片接合在一起使得 A、B 兩端點導通：

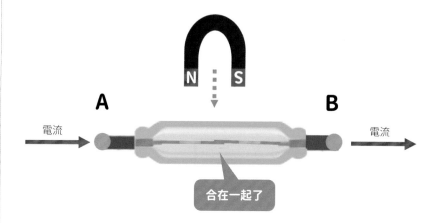

7-2 磁簧開關電路初體驗

了解磁簧開關的原理後，我們先實作以下的電路來試試看磁簧開關的魔力吧：

材料	
• AAA 電池	4 顆
• 電池盒	1 盒
• 磁簧開關	1 個
• 蜂鳴器	1 個
• 磁鐵	1 顆

▷ 實驗目的

將磁簧開關與蜂鳴器串聯，並透過磁鐵控制磁簧開關，使蜂鳴器發出聲音或無聲。

▷ 接線圖與電路圖

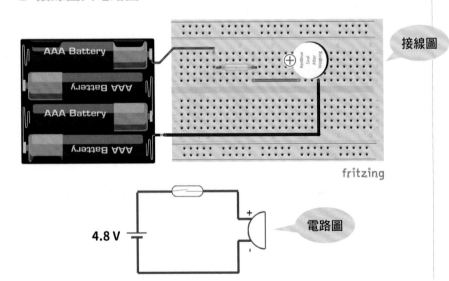

接線圖

電路圖

組裝完電路後，請拿出套件裡的圓餅型磁鐵，靠近或遠離磁簧開關：

磁鐵實際圖

磁鐵側邊的磁力較強

可以理解此電路的運作方式嗎？依據磁簧開關的原理，當磁鐵遠離時，簧片會分離，所以呈現不導通狀態，此時沒有電流經過蜂鳴器，所以也不會發出聲音：

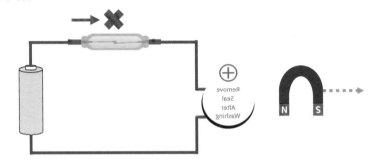

但若磁鐵靠近了磁簧開關，則磁簧開關導通，電流流過蜂鳴器發聲！

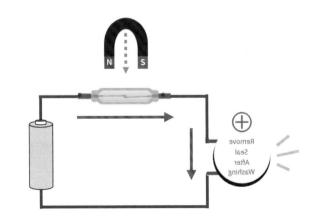

7-3 設計冰箱門未關警報器

等等！上面那個電路雖然運作正常，但好像哪裡怪怪的 ...。啊！請看看冰箱門未關警報器的使用示意圖：

在冰箱門黏上磁鐵與磁簧開關！

冰箱門未關警報器
使用示意圖

如圖所示，我們希望當冰箱門打開時，磁鐵會與磁簧開關分離，這時候蜂鳴器要發出聲音；而 7-2 節我們練習的電路是，當磁鐵靠近磁簧開關時（冰箱門關起來時），蜂鳴器會發出聲音，這樣的結果好像反過來了。所以請思考一下，以下哪個電路可以達到我們希望的結果：

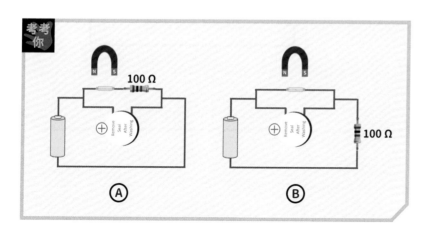

您答對了嗎？答案就是電路 B，讓我們來看看為什麼吧！

▶ 電路 A 解析

當磁鐵遠離磁簧開關（也就是冰箱門被打開時），磁簧開關呈現不導通，所以電流會只走下方，全部流過蜂鳴器，目前的結果是正確的：

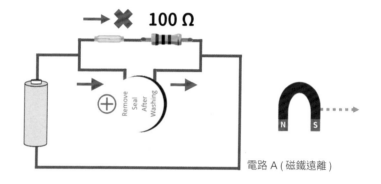

電路 A（磁鐵遠離）

但是，當磁鐵靠近磁簧開關（也就是冰箱門關起時），磁簧開關呈現導通，這時上下方都有電流流過，蜂鳴器仍會發出聲音，所以這不符合我們的需求：

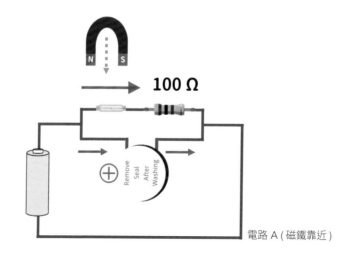

電路 A（磁鐵靠近）

▶ 電路 B 解析

　　我們再來看看電路 B，首先，當磁鐵遠離磁簧開關時，使得磁簧開關不導通，這時電流會全部流向蜂鳴器：

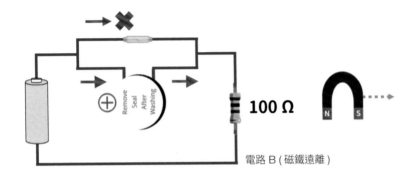

電路 B (磁鐵遠離)

　　若將磁鐵靠近磁簧開關，這時磁簧開關導通。而根據並聯原理，電流喜歡走阻力較小的路線 (電阻值)，這時上方路線的電阻值為 0，所以電流會通通往上方走，這時蜂鳴器因為沒有電流就不會發出聲音了！

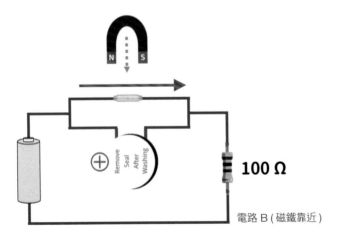

電路 B (磁鐵靠近)

動動腦 **為什麼電路 B 要加一顆電阻？**

想想看，為什麼電路 B 要加那顆 100Ω 電阻？若把它拿走會影響電路嗎？

這個沒加電阻的電路千萬不可實作！當磁鐵離開磁簧開關時，電流走蜂鳴器，這沒什麼問題。問題在於當磁鐵靠近磁簧開關時，磁簧開關呈現導通，這時等同於將電池的正負極直接相接！這稱為電池短路，會造成電池發熱、甚至起火爆炸的危險！這就是為什麼我們要加那個電阻的原因，因為當磁簧開關導通時，這顆電阻防止了電池正負極直接短路！

危險

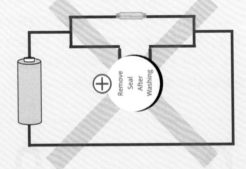

7-4 實作：冰箱門未關警報器

了解電路 B 的運作方式後，現在來用實作驗證是否正確吧！

材料	
• AAA 電池	4 顆
• 電池盒	1 盒
• 磁簧開關	1 個
• 蜂鳴器	1 個
• 磁鐵	1 顆
• 100Ω 電阻 (棕, 黑, 棕)	1 顆

實驗目的

將磁簧開關與蜂鳴器並聯，並透過磁鐵控制磁簧開關，使蜂鳴器發出聲音或無聲。

接線圖與電路圖

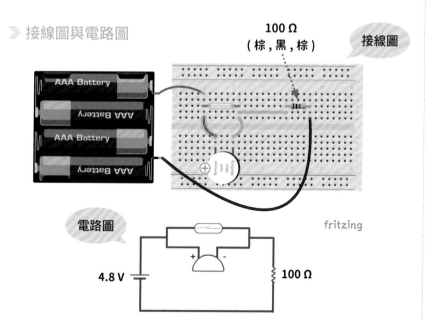

100 Ω
(棕，黑，棕)

接線圖

fritzing

電路圖

4.8 V   100 Ω

完成電路後，請用磁鐵驗證看看是否運作正常喔！接著發揮創客精神，把它固定在家裡的冰箱上吧～

電子材料行趴趴造：NC 型 v.s NO 型磁簧開關

在這裡我們使用的磁簧開關是 NO 型的磁簧開關。所謂的 NO 是 Normally Open 的縮寫，也就是常開的意思。代表平時磁簧開關是 Open (開路、不導通) 的狀態，當磁鐵靠近才變為導通。

若您親自到電子材料行，也可以向店員詢問是否有販售 NC 型的磁簧開關。NC 就是 Normally Close 的縮寫，與 NO 相反，平時是 Close (閉合、導通) 的狀態，當磁鐵靠近時，會變為不通導。

本章為了讓讀者學習電路設計，所以選擇 NO 型磁簧開關，事實上，NC 型的磁簧開關更適合用在冰箱門未關警報器呢！為什麼更適合呢？除了邏輯較為直覺以外，還有省電的優點喔！請試試看將 7-2 節的電路改為 NC 型的磁簧開關吧！這樣的好處是，當冰箱門關起時，磁簧開關不導通，這時候整個電路是不會耗電的！

動動腦 為什麼要選擇 100Ω 的電阻？

讀者可能會好奇在 7-3 節的電路中，為什麼要使用 100Ω 的電阻，如果使用大一點的電阻，是否可以降低冰箱關門時 (磁簧開關導通時)，所消耗的電流？的確，使用大一點的電阻，可以降低冰箱關門時，電路所消耗的電流。但是問題在於，當冰箱開門時 (磁簧開關不導通時)，蜂鳴器與電阻呈現串聯，這時如果使用太大電阻的話，會讓蜂鳴器發不出聲音！

眼尖的讀者可能會覺得本章的電路似曾相似，其實這個電路的設計與第三章相同，只是元件不同而已；在電路的世界中，許多設計都可以重複利用喔！

小小發電機

在突然停電的時候，家裡總會備有手電筒或提燈之類的照明設備，但如果連電池也沒電，又沒有其他電池的話，這些設備就沒辦法發揮作用了。

這時候有一個手動發電的照明設備是最妥當的做法了！在這一章節，要帶大家認識發電機的運作原理，最後動手做一個發電機的小實驗！

8-1 發電機介紹

發電機顧名思義就是能夠製造電力的一種機械，被廣泛應用在現代的工業、民生、軍事等用途上。在英國物理學家法拉第 (Michael Faraday) 於 1831 年發現了磁鐵與電線圈之間透過相對的運動會產生電磁感應之後，才漸漸發展出現今實用的發電機裝置。

▶ 電磁感應

發電機的原理就是透過磁鐵於線圈之間往復運動後使線圈中產生電磁感應，進而生成電流的方式來發電，用文字可能有些人還不太能理解，請看右邊的圖片講解：

如上圖所示，線圈在磁鐵中不停的轉動，造成感受的磁場發生變化；而根據法拉第電磁感應定律，磁場的變化會使線圈產生電動勢進而產生電流。因本書旨在入門且篇幅有限，無法做太深入的講解，有興趣的讀者可以上網搜尋法拉第電磁感應定律深入探究。

延伸閱讀

由法拉第電磁感應定律可知：在封閉線圈中的若有磁場變化，就會有電動勢的產生，磁場的變化率與電動勢的大小是有正相關的，所以轉得越快就會產生越大的電流。由影片可以進一步了解電磁感應是如何在馬達中產生作用的。
(https://www.youtube.com/watch?v=Hx5bvVdYHeQ)

8-2 馬達

介紹完發電機以後馬上就來介紹與發電機相關最重要的元件，馬達！

馬達 (motor)，就是能把電能轉換成機械能的裝置，細分的話還可以分為直流馬達 (DC motor)、伺服馬達 (Servo motor)、步進馬達 (Stepper motor)。在這裡要使用到的是最簡單且方便使用的直流馬達。只要給它連接一個穩定的電源，例如一顆符合其規格的電池，就能夠順暢運轉了喔！

直流馬達

本章則是要把直流馬達反向使用，不是供電讓它轉動 (電能 > 機械能)；而是將馬達作為發電機，藉由轉動馬達發電讓 LED 燈發光 (機械能 > 電能)！當轉動馬達的轉軸時，相當於轉動上一節的圖中的磁鐵！

8-3 發電機小實驗

介紹完主要的元件及原理後馬上來做個小實驗吧！

材料	
直流馬達	1 顆
鱷魚夾	2 條
LED 燈	1 顆

實驗目的

用馬達當作發電機產生電流，來讓 LED 燈發光。

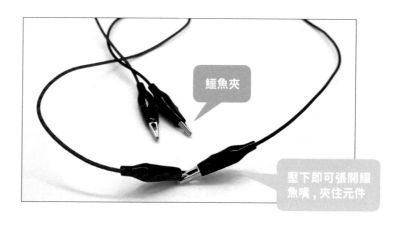

鱷魚夾

壓下即可張開鱷魚嘴，夾住元件

鱷魚夾是我們在實驗電路的時候常常需要用到的工具，為了方便接線而使用夾子夾住想要連接的接點，就不用麻煩地焊接或纏線了喔！

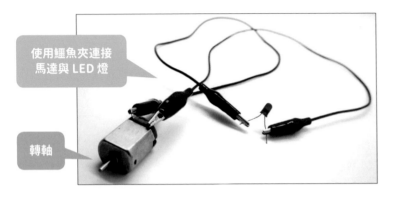

使用鱷魚夾連接馬達與 LED 燈

轉軸

當我們想要連接的元件上沒有方便固定的部位 (例如方便插在麵包板上的針腳) 時，就會使用鱷魚夾來代替麵包板連接多個元件，是個相當方便的工具。

接好線路之後可以轉一轉馬達的轉軸，看看 LED 是不是會發光呢？另外，請試著朝同一個方向轉動轉軸，把連接 LED 燈的兩個鱷魚夾子對調後再轉動看看，燈還會發亮嗎？

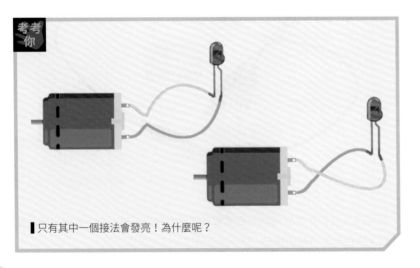

考考你

■ 只有其中一個接法會發亮！為什麼呢？

當我們朝一個方向轉動馬達的轉軸時，電流的方向是有正負極的，如同第一章介紹過的 LED 燈也是有分正負極的！所以如果朝一個方向轉動轉軸而 LED 燈沒有亮的話，可以試著朝另一個方向轉動，把正負極對調之後 LED 燈就會亮了喔！

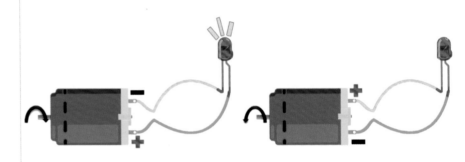

⚠ **請注意**，轉動速度越快，所產生的電量越大，所以請盡可能的用力轉動馬達的轉軸。

8-4 二極體與橋式整流器

雖然說已經可以靠著轉動轉軸來發電了，但是還是有很多地方可以增強，例如讓燈可以亮得更久一點！或是不管往哪一邊轉動都可以讓 LED 燈發光！

如何讓燈亮得久一點可以用之前介紹過的電容來達到想要的效果，而雙向轉動發光則可以靠二極體來辦到！

▶ 二極體介紹

二極體的功用就是讓電流只能往同一個方向流動，防止電流逆流的狀況發生。

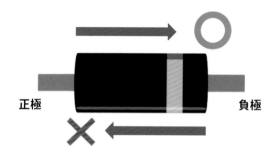

正極　　　　　　　　　負極

二極體上通常會有一條銀色的線，靠近銀色線的那端就是負極，另一端就是正極，電流只能從正極流向負極喔，就像 LED 的長短腳一樣 (那一條銀色線是不是很像數學裡的負號呢？很多人都用這種記憶方法喔)

第一章介紹過的 LED 燈其實也是二極體的一種，稱做發光二極體，所以當我們把正負腳位接反的時候電流是無法流通的，但當逆向的電壓過大時，還是會衝破二極體能承受的界線而通過，但是 LED 燈也會毀壞，所以在使用時還是要詳閱規格書 (Data sheet) 喔！

▶ 橋式整流器

介紹完二極體之後，這邊要介紹一個由二極體組成的比較複雜的電路，稱為橋式整流器。

橋式整流器在這邊的功用是：將馬達產生的電的方向轉換成適合 LED 燈使用的方向。

延伸閱讀

在購買或使用零件時，都應該要注意到零件的規格書，它就像一個玩具的使用說明一樣，如果不注意這個玩具的用法跟限制在哪裡，輕則玩具損毀、重則造成公共危險，所以在購買使用電子零件時，都該向店家或廠商尋問這個零件的型號以及對應的規格書，才能正確地使用這個電子元件。

在此例中的二極體型號為 1N4001，在規格書中寫到它的最大逆向電壓 (DC Bolcking Voltage) 為 50V，所以如果將二極體的正負極反向連接、又使用高於 50V 的電壓時，就會造成這個元件的損毀。

1N4001 二極體的規格書

Maximum Ratings and Electrical Characteristics (@T_A = +25°C unless otherwise specified.)

Single phase, half wave, 60Hz, resistive or inductive load.
For capacitive load, derate current by 20%.

Characteristic		Symbol	1N4001	1N4002	1N4003	1N4004	1N4005	1N4006	1N4007	Unit
Peak Repetitive Reverse Voltage Working Peak Reverse Voltage DC Blocking Voltage		V_{RRM} V_{RWM} V_R	50	100	200	400	600	800	1000	V
RMS Reverse Voltage		$V_{R(RMS)}$	35	70	140	280	420	560	700	V
Average Rectified Output Current (Note 1) @ T_A = +75°C		I_O				1.0				A
Non-Repetitive Peak Forward Surge Current 8.3ms Single Half Sine-Wave Superimposed on Rated Load		I_{FSM}				30				A
Forward Voltage @ I_F = 1.0A		V_{FM}				1.0				V
Peak Reverse Current @ T_A = +25°C at Rated DC Blocking Voltage @ T_A = +100°C		I_{RM}				5.0 50				μA
Typical Junction Capacitance (Note 2)		C_J			15			8		pF
Typical Thermal Resistance Junction to Ambient		$R_{\theta JA}$				100				K/W
Maximum DC Blocking Voltage Temperature		T_A				+150				°C
Operating and Storage Temperature Range		T_J, T_{STG}				-65 to +150				°C

Notes: 1. Leads maintained at ambient temperature at a distance of 9.5mm from the case
2. Measured at 1.0 MHz and applied reverse voltage of 4.0V DC.
3. EU Directive 2002/95/EC (RoHS). All applicable RoHS exemptions applied, see EU Directive 2002/95/EC Annex Notes.

▶ 橋式整流器示意圖

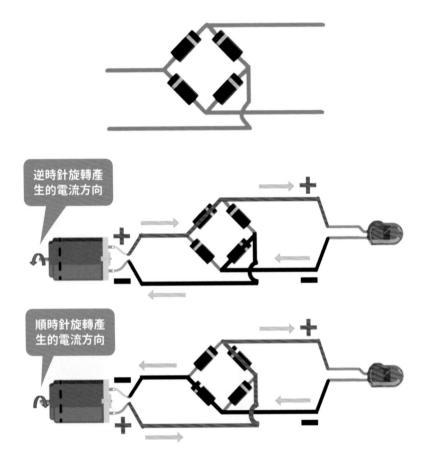

逆時針旋轉產
生的電流方向

順時針旋轉產
生的電流方向

市面上也有已經打包好的橋式整流器，可以直接拿來使用，但本章為了讓讀者更了解它的運作原理，所以讓大家用最原始的方法製作出來。

在下一節會整合之前所提到的所有零件，來做出一個功能完善的小小發電機！

8-5 小小發電機

前面我們已經知道可以透過馬達來產生電了，但馬達產生的電，馬上就被使用掉了。所以在本節要實作的小小發電機，會結合前面使用過的電容，將電先儲存起來，待需要的時候，把它拿出來用。

在實作小小發電機之前，我們先介紹一個新的開關元件：按壓開關。

▶ 按壓開關

按壓開關
實體圖

跟前面介紹過的微動開關或三隻腳的開關不一樣，這個按壓開關只有兩隻腳，是不是更直覺簡單了呢？這種開關在出廠的時候就決定了是 NC (Normally Close) 還是 NO (Normally Open) 了，這裡使用的是 NO 的按壓開關，按下去的時候兩隻腳會通路，放開時兩隻腳會斷路。

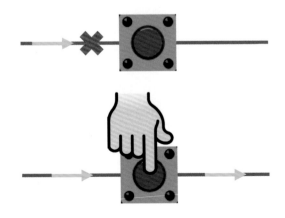

待會我們就會透過這個按壓開關，將電容儲存的電拿出來用。

實作 小小發電機

知道了所有元件的功能以及原理後，終於可以來實作發電機啦！

材料	
● 直流馬達	1 顆
● 1N4001 二極體	4 顆
● LED	1 顆
● 電阻 220 歐姆（紅，紅，棕）	1 顆
● 鱷魚夾線	2 條
● 按壓開關	1 顆
● 電容 1000uF	1 顆

實驗目的

使用電容將馬達產生的電儲存起來，待需要時再按下按壓開關，將電拿出來，供 LED 發光。

接線圖與電路圖

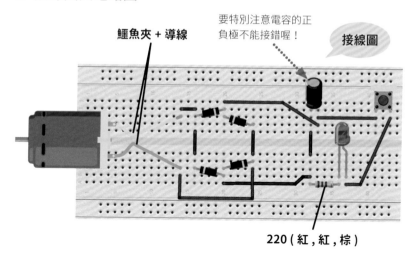

鱷魚夾 + 導線

要特別注意電容的正負極不能接錯喔！

接線圖

220（紅，紅，棕）

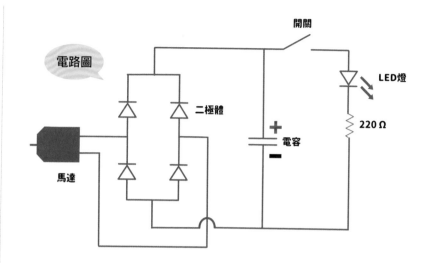

電路圖

開關

LED燈

二極體

220 Ω

＋ 電容 －

馬達

⚠ 馬達要如何接在麵包板上呢？請將鱷魚夾線的一端夾著馬達，另一端夾著一條導線，接著將導線插入麵包板即完成連接！

⟩ 電路解析

雖然這個電路看起來有一點複雜，但只要一個一個部份拆解來看，就會非常清楚了！

在接線圖裡面可以分為三個部分，一個是最左邊的直流馬達、一個是中間的橋式整流器、一個是右邊的電容、按壓開關和 LED 燈。

而這個電路有充電與放電兩種不同的運作，我們用以下的圖來說明。首先，當轉動馬達轉軸時，電流的走向是從馬達發電後經過橋式整流器不停給電容充電：

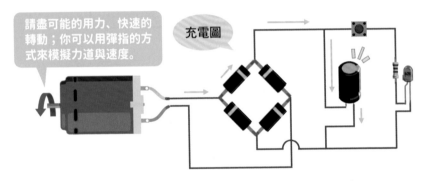

請盡可能的用力、快速的轉動；你可以用彈指的方式來模擬力道與速度。

充電圖

接著，當按下開關時，右邊的 LED 燈迴路會開通，電容會在此時放電給 LED 燈發光：

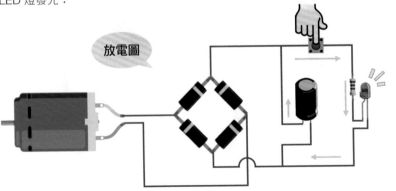

放電圖

實作完成後可以想想看，該如何整理電路並包裝成可以隨身攜帶的動力發電機呢？

電子材料行趴趴造

覺得 LED 一下子就不亮了嗎？可以到電子材料行採買 0.5F 或更大的電容，這樣將會蓄能更多，提供更長的照明時間。

這個裝置除了手動以外還可以使用在哪些地方呢？

風力、水力、潮汐等等都可以用來發電，只要使用適當的機械結構與裝置結合，都可以達到良好的發電效果喔！接下來延伸的應用就要請各位創客發揮創客精神大顯身手吧！

光
感
應
小
夜
燈

家中使用的小夜燈在環境的亮度變暗的時候會開啟，而環境變亮之後又會關閉，大家有想過原理是什麼嗎？

其實是利用光敏電阻及其他輔助的電路組成的裝置喔！這章就要帶大家動手做一個實用的小夜燈！

9-1 光敏電阻

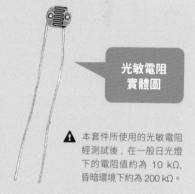

光敏電阻是一種非常有趣的電阻，它的電阻值並非像之前使用的電阻是固定不變，而是會隨著環境亮度的強弱而有所變化。

例如本套件所使用的光敏電阻數值變化範圍是 1kΩ（極亮）～ 1.5MΩ（極暗）；也就是當環境光線越亮時，電阻值越小、環境光線越暗時，電阻值越大。我們將利用此特性來做為光感應小夜燈的感測器。

大家可以動手將光敏電阻與 LED 燈進行串聯，並試著用手遮住光敏電阻，觀察 LED 燈亮度會有什麼變化。

**光敏電阻
實體圖**

⚠ 本套件所使用的光敏電阻經測試後，在一般日光燈下的電阻值約為 10 kΩ，昏暗環境下約為 200 kΩ。

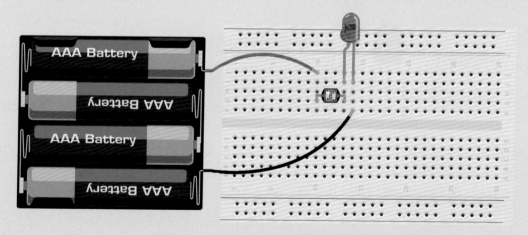

上圖電路為光敏電阻與 LED 燈 " 串聯 "，所以當環境光線充足時，光敏電阻的電阻值變小，使得電流上升、LED 燈變亮；但是當環境光線下降時 (你可以用手將光敏電阻遮住)，電阻值變大，使得電流下降、LED 燈變暗，這與小夜燈的作動方式相反 ... 所以下一節會介紹電晶體這個電子元件，透過它的特性來實現正確的光感應小夜燈！

9-2 電晶體

電晶體 (Transistor) 於 1947 年由美國貝爾實驗室發明，被認為是現代歷史中最偉大的發明之一，它讓許多電子產品，變得更小、更便宜：

> 我們使用的電晶體型號是 2N2222 喔！

電晶體共有 3 隻接腳，稱為：射極 (Emitter，簡稱為 E 極)、基極 (Base，簡稱 B 極)、集極 (Collector，簡稱為 C 極)：

> 電晶體的電路符號

> 電晶體上有印刷字的平面朝向自己，由左至右 3 個腳位分別是 E 極、B 極、C 極。

E B C

而本章會透過電晶體來控制電流是否可以從 E 極流出，藉此來控制位於 E 極的 LED 燈亮滅。電晶體如何做到這件事呢？你可以想像 E 極就像是水龍頭的出水口，而 B 極就像是水龍頭的開關，控制水塔 (C 極) 的水是否可以從水龍頭流出。

如何控制呢？若要讓電流從 E 極流出，可以施加高電壓 (大於 0.7 V 左右) 於 B 極與 E 極，這時 C 極與 E 極之間呈現導通的狀態，電流會由 C 極流往 E 極：

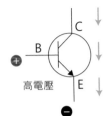

高電壓

若 B、E 極之間電壓過低，則電晶體的 C 極與 E 極之間不導通，電流無法從 E 極流出：

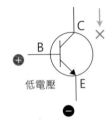

低電壓

稍後我們會將 LED 燈接在電晶體的 E 極下方，並透過控制 B 極與 E 極之間的電壓來控制 LED 燈的亮滅。

延伸閱讀

電晶體其實有很多種類，我們使用的是**雙極性接面型電晶體 (bipolar junction transistor, BJT)**；而它又分成了 NPN 型與 PNP 型，這兩者之間的差別在於電壓條件與電流方向相反：

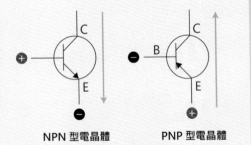

NPN 型電晶體   PNP 型電晶體

電路設計者會依據需求選擇不同類型的電晶體，本實驗使用的 2N2222 是 NPN 型電晶體，若對 PNP 型電晶體有興趣的讀者，可以到電子材料行購買型號為 2N2907 的電晶體。

9-3 光感應小夜燈

那如何透過光敏電阻與電晶體來設計小夜燈呢？我們先用下面的小測驗做為開頭吧！

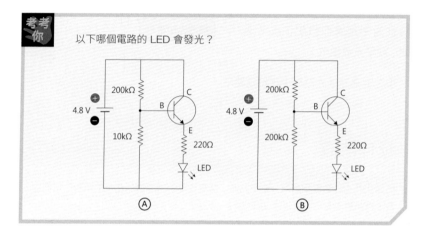

考考你

以下哪個電路的 LED 會發光？

Ⓐ　Ⓑ

正確答案為 B。為什麼呢？想想看，哪個電晶體導通了？前面有說過，電晶體的導通條件是 B 極與 E 極之間的電壓要夠高，來看看以下的電路解析吧！

▶ 電路 A 解析

我們將電路分成兩個部分來看：

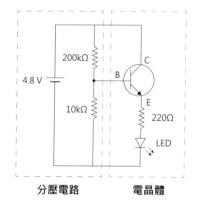

分壓電路　　電晶體

電路 A 的分壓電路是由 10kΩ 與 200kΩ 的電阻器所組成，根據**分壓定理**，各電阻所分配到的電壓如下：

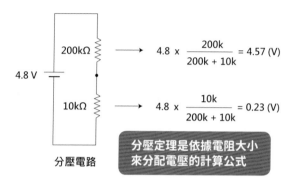

$$4.8 \times \frac{200k}{200k + 10k} = 4.57 \ (V)$$

$$4.8 \times \frac{10k}{200k + 10k} = 0.23 \ (V)$$

分壓電路

分壓定理是依據電阻大小來分配電壓的計算公式

而電晶體的「B 極到 GND」與分壓電路下方「10kΩ 電阻器」**並聯**，所以兩者電壓相等，皆為 0.23 V，這樣的電壓不足以讓電晶體導通：

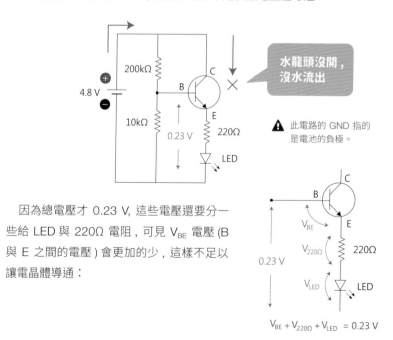

水龍頭沒開，沒水流出

⚠ 此電路的 GND 指的是電池的負極。

因為總電壓才 0.23 V，這些電壓還要分一些給 LED 與 220Ω 電阻，可見 V_{BE} 電壓 (B 與 E 之間的電壓) 會更加的少，這樣不足以讓電晶體導通：

$$V_{BE} + V_{220\Omega} + V_{LED} = 0.23 \ V$$

電路 B 解析

而電路 B 的分壓電路是由 2 個 200kΩ 的電阻器所組成，分壓結果如下：

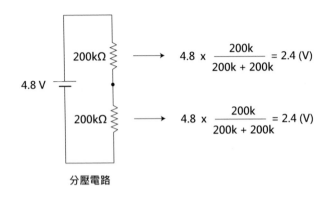

$$4.8 \times \frac{200k}{200k + 200k} = 2.4 \text{ (V)}$$

$$4.8 \times \frac{200k}{200k + 200k} = 2.4 \text{ (V)}$$

分壓電路

所以電晶體的「B 極到 GND」共有 2.4 V，這樣的電壓足以讓電晶體導通：

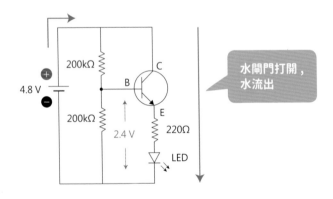

水閘門打開，水流出

電流從電晶體 E 極流出，通過位於下方的 LED 使其發亮！

那這個電路與光感應小夜燈有什麼關係呢？其實將電路 A 與電路 B 兩者結合起來就是光感應小夜燈了：也就是當光線充足時，我們希望小夜燈的行為與 A 電路相同；而當光線昏暗時，行為與 B 電路相同。

也就是說，**當光線充足時，我們希望分壓電路下方的電阻要小一點，使電晶體不導通，讓 LED 不亮**；而**當光線昏暗時，分壓電路下方的電阻要大一點，使電晶體導通，讓 LED 發光**。這樣的特性是不是讓你想起了誰？沒錯，就是光敏電阻！

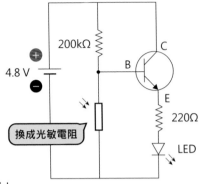

換成光敏電阻

現在就來完成光感應小夜燈電路吧！

延伸閱讀

前面我們在計算電晶體的分壓電路時，其實少算了電晶體所產生的電阻，它們包含了電晶體本身的電阻以及 LED 燈：

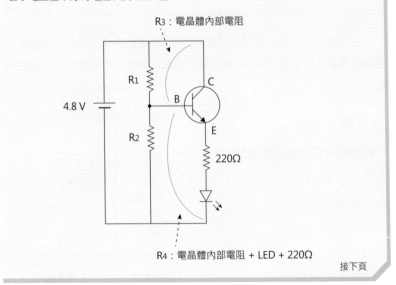

R3：電晶體內部電阻

R4：電晶體內部電阻 + LED + 220Ω

接下頁

所以計算分壓時,應將它們一併納入計算:

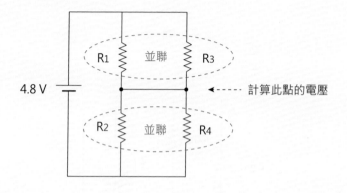

4.8 V

← 計算此點的電壓

但其實 R_3、R_4 很大,根據並聯公式所示,與一個跟自己相比起來很大的電阻並聯時,那個很大的電阻基本上可以忽略不計:

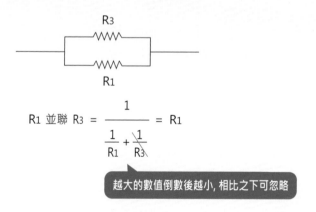

$$R_1 \text{ 並聯 } R_3 = \cfrac{1}{\cfrac{1}{R_1} + \cfrac{1}{R_3}} = R_1$$

> 越大的數值倒數後越小, 相比之下可忽略

所以上述計算分壓時,可以僅計算分壓電路的電阻 (R_1、R_2) 即可。有興趣知道電晶體內部電阻有多大的讀者,可以搜尋 "電晶體的輸入阻抗" 進行探究。

實驗目的

使用光敏電阻與電晶體完成光感應小夜燈。

材料	
• AAA 電池盒	1 盒
• AAA 電池	4 顆
• 可變電阻 1MΩ	1 顆
• 光敏電阻	1 顆
• LED	1 顆
• 電晶體 2N2222	1 顆
• 電阻 220Ω (紅,紅,棕)	1 顆

> 因為我們沒有 200kΩ 的電阻,所以調整可變電阻來替代。

> 電晶體上有印刷字的平面朝向自己,由左至右 3 個腳位分別是 E 極、B 極、C 極

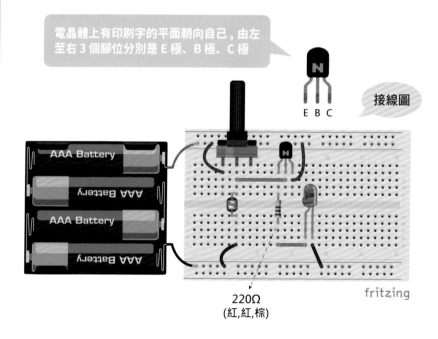

E B C

接線圖

220Ω
(紅,紅,棕)

fritzing

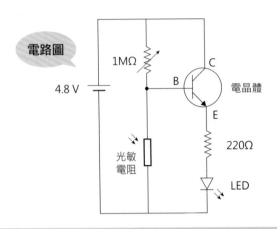

電路圖

1MΩ

4.8 V

B

C

E

電晶體

光敏
電阻

220Ω

LED

完成電路後，請先將可變電阻的轉軸朝向自己，接著順時針旋轉到底，此時電阻值最小，LED 燈應該會亮起；接著慢慢逆時針旋轉，直到 LED 燈熄滅後停止轉動，此時可變電阻約為 200kΩ。若現場環境較為昏暗，則需轉至較大的阻值，一樣依照上述原則，轉至 LED 燈熄滅即可。

▶ 電路解析

當光線充足時，光敏電阻的電阻值約為 10kΩ，分壓後的電壓無法使電晶體導通，所以電流無法流過 LED：

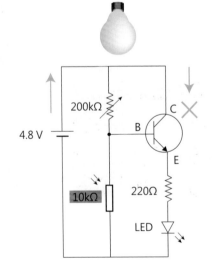

當光線昏暗時，光敏電阻的電阻值約為 200kΩ，分壓後的電壓可以使電晶體導通，所以電流流過 LED 使它發光：

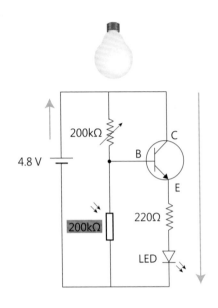

當你帶著耳機聽音樂或正在忙其他事情，此時電話響起來很多人會聽不到，這時候如果有個明顯的東西當作來電提示，就不會漏接電話或通知了！這章要帶大家做一個可以感測聲音觸發 LED 燈亮起的小裝置！

來電通知燈

10-1　電路的耳朵：麥克風

麥克風是一種將**聲音轉換成電訊號**的元件，我們可以用它來感測聲音，並把得到的訊號加以處理後，拿來驅動 LED 燈。而麥克風的種類繁多，本章會使用到的是**電容式駐極體麥克風**（以下簡稱電容式麥克風）：

麥克風實體圖

負極腳位會有 3 條線連到外殼

電容式麥克風有正負極之分，請由底部觀察麥克風的兩隻腳位，其中有一隻腳連著麥克風的外殼，那就是負極（接地）腳位！

▶ 電容式麥克風原理

在麥克風內部有一片會隨**聲音震動的膜片**與一片**金屬板**，它們之間形成一個電容：

膜片
金屬板
形成電容

當聲音傳至麥克風內部時，**會讓膜片震動**，使得膜片與金屬板之間的電容發生變化，進而造成電容兩端的電壓的變化；這個電壓的變化，就是聲音所造成的訊號變化：

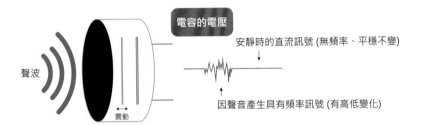

而這個電壓我們可以從麥克風的正極腳位取出，稍後經過處理，即可用來驅動 LED 燈。接著來看看麥克風的電路使用方式吧！

⚠ 電容式麥克風的內部構造與原理較為複雜，以上是用簡化過後的概念與圖示，期望讀者能大概理解它的作動方式。

▶ 電容式麥克風使用方式

電容式麥克風是需要供電才能運作的電子元件，我們可以用 4.8V 的電源供麥克風運作，並**串聯**一顆 2.2KΩ 電阻器來保護電容式麥克風：

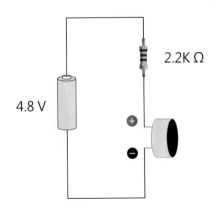

而因聲音產生的訊號我們可以從麥克風的正極取出來：

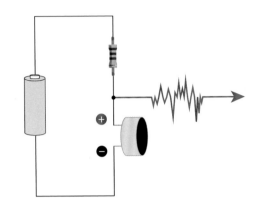

但是麥克風產生的訊號其實非常的微弱，根本無法點亮 LED 燈，所以稍後必須再將此訊號送入**訊號放大器**進行放大後才能使用！

▶ 電容與頻率訊號

但在將聲音訊號送入訊號放大器之前，我們要先在上面的電路加裝幾顆電容，為什麼呢？請先記住電容的一個特性：**只允許具有頻率的訊號通過。**

因為我們從麥克風的正極取出訊號時，除了得到聲音的頻率訊號之外，還包含了來自電池的直流 (無頻率) 的訊號：

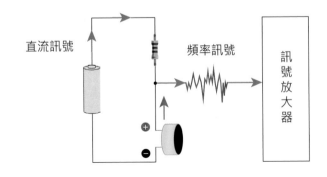

而訊號放大器並不需要接收這個直流訊號，為什麼呢？你可以做一個小實驗，讓 LED 燈直接接收麥克風正極的訊號：

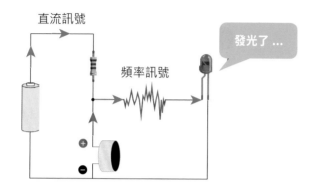

因為電池的直流訊號比聲音頻率訊號大得多，結果 LED 就直接被直流訊號點亮了。這個來自電池的直流訊號只是為了提供麥克風工作電壓而已，我們並不希望它與 LED 發生任何關係，所以必須想辦法將它擋住，只傳遞聲音頻率訊號到訊號放大器。

這時電容的特性就派上用場了。我們會在訊號傳遞的路上放一顆電容 (1uF)，**只允許具有頻率的訊號通過**：

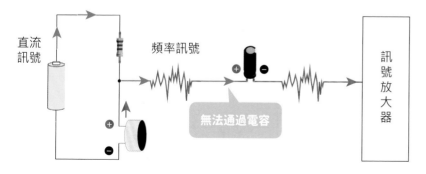

⚠ 請注意電容的正負極方向。

電容並非一開始就會阻擋直流，而是當它進入穩態 (充飽電) 時，才會有阻擋直流的效應。這件事其實我們在第 6 章的 6-6 節 (透過 LED 呈現充電過程) 實驗過，讓我們來回憶一下。

當電容器正在充電時，直流是可以通過電容器的，所以整個電路會導通，LED 燈會發光：

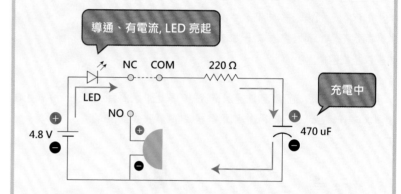

當電容充飽電後，直流電就無法通過它了，整個電路就呈現斷路狀態，自然 LED 燈也就沒電流通過而熄滅了：

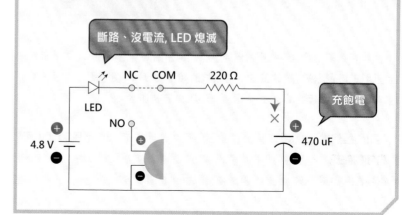

⯈ 電容的容抗

具有頻率的訊號為什麼可以通過電容器呢？前面介紹的電阻器會阻礙電流，其阻礙的能力是電阻值的大小（歐姆）；而電容器一樣會對訊號產生阻礙，其阻礙的能力稱為 " 容抗 (X_C)"。而電阻器的容抗大小並非固定不變，而是為依據訊號的頻率以及電容值大小而定：

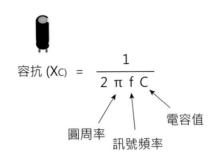

$$容抗\ (X_C) = \frac{1}{2\pi f C}$$

圓周率　訊號頻率　電容值

也就是為什麼直流訊號無法通過電容器的原因，因為直流訊號的頻率為 0，使得 X_C 為無限大，直流訊號遇到電容器就像遇到一堵牆一般：

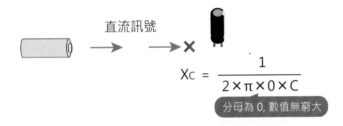

直流訊號

$$X_C = \frac{1}{2\times\pi\times 0 \times C}$$

分母為 0, 數值無窮大

而具有頻率的訊號遇到電容器時，雖然會有阻力，但不會像直流訊號般完全被阻擋；而根據容抗的公式，當訊號的頻率越高時，容抗越小，使得訊號越能順利通過電容器；反之，訊號頻率越低，容抗越大。

另外，雖然電池（電源）輸出的是直流訊號，但也可能因為**不穩定因素而產生高頻的雜訊**，為了避免干擾麥克風輸出的頻率訊號，我們會用一顆 100uF 的電容器來與電源進行並聯，將高頻雜訊引開（濾除）：

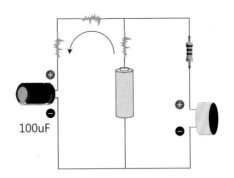

100uF

因為電池產生的雜訊頻率很高，再加上我們使用較大的電容器，使得那個 100uF 面對高頻雜訊時的容抗很小。就如同電流喜歡往阻力小的地方走，高頻雜訊也會通通走向 100uF 的路線。

一切都準備完畢後，接著就可以將聲音訊號傳入訊號放大器電路了。

10-2 電晶體：訊號放大器

什麼是訊號放大器？其實就是我們前一章使用過的電晶體，只是當時我們將它當做開關來使用，而事實上它也扮演著訊號放大器的角色。本章我們將透過它來組成一個放大器電路，將來自麥克風的訊號放大，並輸出給 LED 燈：

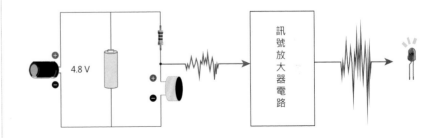

4.8 V

訊號放大器電路

而電晶體共有 3 種工作模式：**截止模式 (Cut-off)**、**主動模式 (Active)**、**飽和模式 (Saturation)**。我們可以對電晶體的 V_{BE}、V_{BC} 施加不同的順逆壓差來讓電晶體進入不同的工作模式。而本章將著重於主動模式的說明與使用。

▶ 主動模式 (Active)

當你對電晶體的 V_{BE} 施以順偏 ($V_B > V_E$)、V_{BC} 施以逆偏 ($V_B < V_C$) 時，電晶體將進入主動模式：

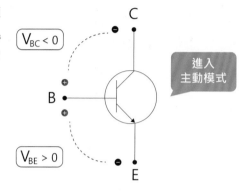

這時電晶體的特性是，流入 C 極的電流 I_C 會等於 B 極的電流 I_B **放大 h_{FE} 倍**：

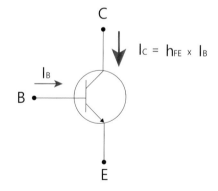

這個 h_{FE} 就是電晶體對訊號的放大倍率。每種電晶體 h_{FE} 不盡相同，我們使用的 2N2222 約落在 50-300 的範圍內。

透過將微弱的訊號送入 B 極，並在 C 極取出放大後的訊號，這就是訊號放大器的使用方式。所以待會我們會將麥克風輸出的訊號送入電晶體的 B 極，並在 C 極得到放大後的訊號：

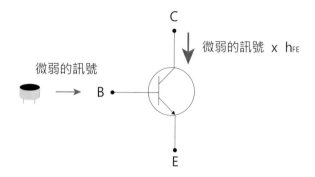

由於麥克風的訊號實在過於微弱，只放大一次可能還是無法點亮 LED 燈，所以我們會將放大後的訊號再次送入另一個電晶體的 B 極、再次放大 h_{FE} 倍：

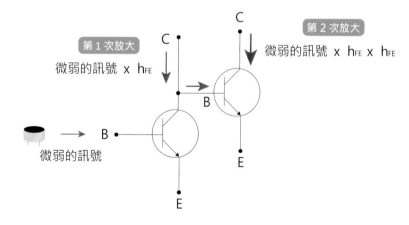

經過 2 次放大後的聲音訊號，就可以拿來點亮 LED 燈了！這就是我們本章會用到的放大器電路！

稍後實作電路時，我們會
透過電阻器的配置，讓電晶
體在接收到聲音訊號時，進
入主動模式：

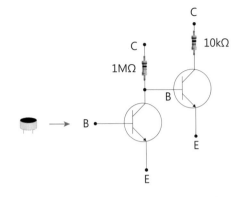

由於所需電阻值大小的計算方式過於複雜，超過本書的範疇，故不多做說
明，您只需要知道這兩顆電阻器是為了讓電晶體進入主動模式即可。若有興
趣的讀者可以搜尋 "BJT 偏壓電路設計與分析 " 進行探究。

10-3 來電通知燈

接著就來實際將麥
克風與放大器電路組
合起來，拍拍手、點亮
LED 燈吧！

材料

材料	
● AAA 電池盒	1 盒
● 電容式駐極體麥克風	1 顆
● 電晶體 2N2222	2 顆
● 1uF 電容	1 顆
● 100uF 電容	1 顆
● 2.2K 歐姆電阻 (紅 , 紅 , 紅)	1 顆
● 1M 歐姆電阻 (棕 , 黑 , 綠)	1 顆
● 10K 歐姆電阻 (棕 , 黑 , 橙)	1 顆
● LED 燈	1 顆

➢ 實驗目的

使用電容式麥克風感測聲音訊號，並透過放大器電路將聲音訊號進行放
大，點亮 LED 燈。

➢ 接線圖與電路圖

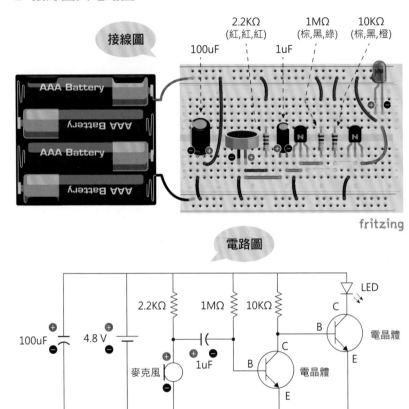

完成電路後，對著麥克風拍拍手、吹吹氣，即可點亮 LED 燈！

動動腦 除了透過聲音驅動 LED 燈以外，還可以驅動什麼電子元件達到有
趣的效果呢？例如用前面使用過的馬達來組裝一隻機器人的話，就
能做一隻拍拍手就會走動的機器人！做為創客，不停地思考與動手
嘗試也是很重要的喔！

之前介紹過的開關燈電路都是按下開關之後馬上開燈或關燈，如果想要按下開關之後延遲一段時間再亮燈，或是按下開關之後亮燈一陣子再關閉，就可以使用一個名叫 IC555 的積體電路來達到想要的效果。

定時自動關燈設計

CHAPTER 11

▶ 積體電路

　積體電路 (Integrated Circuit, 簡稱 IC), 是將電阻、電晶體、二極體等電子元件整合在一片小小的晶片上，具有特定功能的電路。而 IC555 因其體積小巧、價格便宜且功能強大，被認為是目前為止生產最多且被大量使用的一顆 IC。

> **IC555 的名稱由來**
>
> 普遍認為 IC555 的名稱來源是因其內部裝的 3 顆分壓電阻的值都是 5K 歐姆而得名，但其實 IC555 的發明者後來出面澄清了這個名稱只是一個隨機的產品型號，純屬穿鑿附會的巧合。

11-1 IC555 簡介

　IC555 也有人稱它為 555 計時器，顧名思義，可以用它來計算時間。另外，其實 IC555 是這顆 IC 的通用名稱，不同的製造商生產的 IC555 會有不同的型號，本套件使用的是 NE555P。

　標準的 IC555 內部會有 25 個電晶體、2 個二極體和 15 個電阻，並拉出 8 隻腳位供開發者使用。

腳位 1 的小黑點記號　　　半圓形標示符號

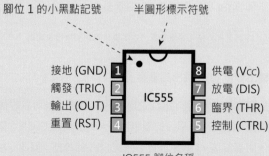

接地 (GND) 1　　8 供電 (Vcc)
觸發 (TRIC) 2　IC555　7 放電 (DIS)
輸出 (OUT) 3　　6 臨界 (THR)
重置 (RST) 4　　5 控制 (CTRL)

IC555 腳位名稱

11-2 IC555 腳位介紹

IC555 有 8 隻腳位看起來好可怕，但其實需要特別注意的只有 2、3、6、7 腳位，讓我們來看看以下的腳位說明吧。

⟩ 1. 接地腳位 (GND)

此腳位連接電源的負極：

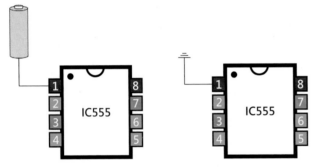

在電路圖中可以用右圖的符號表示接地

⟩ 2. 觸發腳位 (TRIC)

當此腳位的電壓**低於 1/3 倍的 V$_{cc}$** 時，稱為**觸發 IC555**，這會改變 IC555 的輸出腳位 (3) 與放電腳位 (7) 的狀態：

⚠ (V$_{cc}$ 是待會將介紹的供電電壓，以本實驗為例，我們會提供 4.8 V（電池）的供電電壓給 IC555)。

🔧 **輸出腳位 (3)**：輸出高電壓。

🔧 **放電腳位 (7)**：與 GND 之間呈現高阻抗。你可以想像成是與 GND 之間連接一顆電阻值很大的電阻器，大到形同與 GND 之間呈現斷路，也就是什麼都沒接。(這件事發生在 IC555 的內部，需要一點想像力)。

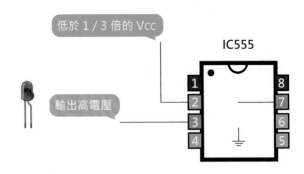

⟩ 3. 輸出腳位 (OUT)

IC555 的輸出腳位可以輸出高電壓或低電壓，我們會在這裡接上要驅動的電子元件，例如 LED 燈。以下是改變輸出腳位電壓的 2 種狀況：

🔧 1. 當觸發腳位的電壓低於 1/3 倍的 V$_{cc}$，也就是觸發 IC555，此腳位輸出**高電壓。**

🔧 2. 當臨界腳位的電壓高於 2/3 倍的 V$_{cc}$，此腳位輸出**低電壓。**

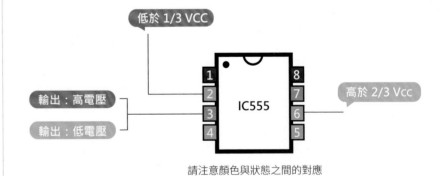

請注意顏色與狀態之間的對應

延伸閱讀

如果以上兩個狀況同時發生時，會輸出高電壓還是低電壓呢？答案是高電壓。但不建議這樣使用，待會的電路也會避免這種狀況的發生，若有興趣的讀者可以搜尋 "S-R 正反器 " 以及查看 IC555 的 datasheet。

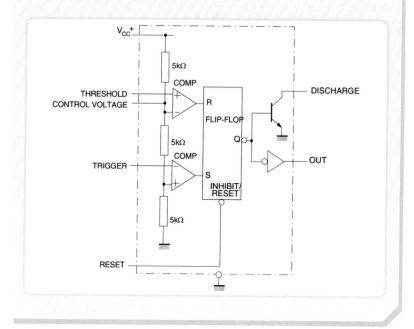

4. 重置 (RST)

當此腳位接上高電壓時，IC555 正常運作，所以通常會連接 V_{CC}；但若此腳位電壓低於 0.4V 時，IC555 暫停運作：

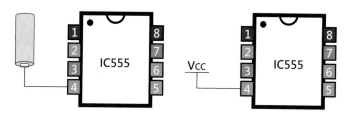

在電路中可以用右圖的符號來代表連接到 V_{CC}

5. 控制 (CTRL)

此腳位是用於控制 IC555 的**閾值**電壓。什麼是閾值電壓？也就是剛剛說到的觸發腳位要小於 1/3 V_{CC} 以及臨界腳位要大於 2/3 V_{CC} 這兩個電壓值條件。若此腳位什麼都不接，則維持此條件不變，本實驗會採用此運作模式。

另外若不調整閾值電壓，可以在此腳位接上一個 0.01 uF 的電容到 GND，避免 IC555 受雜訊干擾。本套件會提供一個 0.01 uF 的陶瓷電容：

此電容上面標示著 103。這個數字代表 10×10^3 pF，也就是 0.01uF (p 為 10^{-9} 次方、u 為 10^{-6} 次方)。另外，這種電容與前面使用過的電解電容不同，它是無極性的，所以沒有正負極接反的問題。

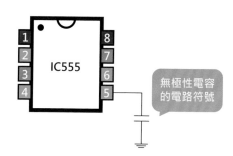

無極性電容的電路符號

⋙ 6. 臨界 (THR)

當此腳位電壓超過 2/3 倍的 V_{CC} 時，改變 IC555 的輸出腳位 (3) 與放電腳位 (7) 的狀態：

🔧 **輸出腳位 (3)**：輸出低電壓。

🔧 **放電腳位 (7)**：與 GND 之間呈現低阻抗，你可以想像成是與 GND 之間連接一顆電阻值很小的電阻器，小到形同與 GND 直接連接。(這件事也是發生在 IC555 的內部，需要一點想像力)。

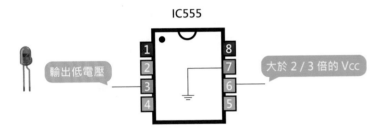

也就是當腳位 6 達到臨界電壓時，LED 燈會熄滅！

⋙ 7. 放電 (DIS)

此腳位會根據觸發腳位 (2) 與臨界腳位 (6) 來決定它與 GND 之間的連接狀態 (斷路或短路)：

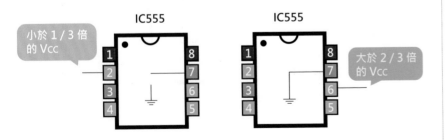

延伸閱讀

腳位 7 在內部到底發生了什麼事？你可以透過以下電路來理解，其中用到了我們之前學過的電晶體，先看看 IC555 觸發時的情況：

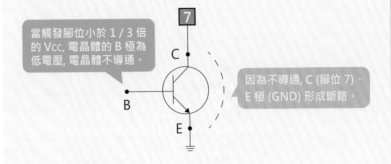

而當 IC555 到達臨界電壓時：

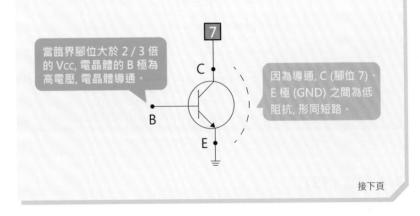

接下頁

這就是腳位 7 在 IC555 內部的形況，你可以在 IC555 的 datasheet 看到這顆電晶體：

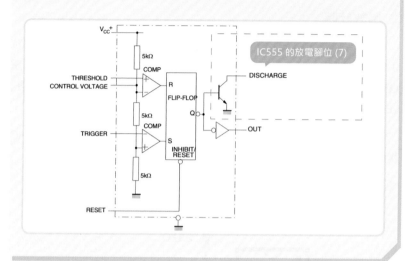

IC555 的放電腳位 (7)

8. 供電 (V_CC)

IC555 需要 5V ~ 15 V 之間的供電電壓，我們提供的 4.8 V 電池還算勉強可用。但若電池電量下降太多，可能會讓 IC555 無法正常運作喔，這時請更換新的電池。

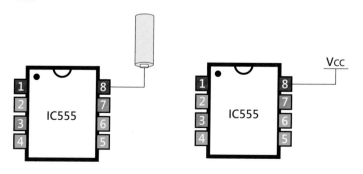

11-3 單穩態模式

IC555 共有 3 種使用模式：單穩態、雙穩態、無穩態。而本章的定時自動關燈實驗就是單穩態模式的一種應用。

所謂的單穩態就是**觸發** IC555 後，輸出腳位會輸出高電壓，接著開始進行**倒數計時**，倒數結束後，輸出腳位回復成輸出低電壓，所以在單穩態電路中主要就是設計觸發與倒數計時的部分。

➢ 觸發

由上節可知，要觸發 IC555 讓輸出腳位 (3) 輸出高電壓的條件是，讓**觸發腳位 (2) 低於 1/3 倍的 V_cc**。我們可以透過一顆按鈕 (按壓開關) 與電阻器來設計觸發的機制。在這之前先考考你對於電路中的電壓是否觀念清楚：

考考你

▌請問以下兩個電路中的節點 A、節點 B 的電壓是多少？

⚠ 請注意，接下來本章談及 " 某節點電壓 " 時，皆表示那個節點與地 (GND) 之間的電壓。

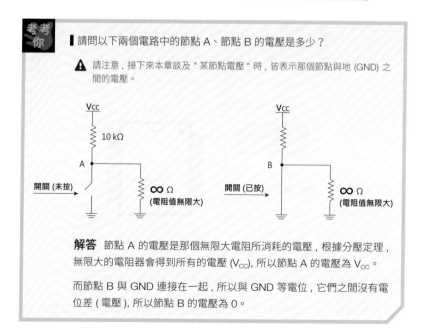

解答 節點 A 的電壓是那個無限大電阻所消耗的電壓，根據分壓定理，無限大的電阻器會得到所有的電壓 (V_cc)，所以節點 A 的電壓為 V_cc。

而節點 B 與 GND 連接在一起，所以與 GND 等電位，它們之間沒有電位差 (電壓)，所以節點 B 的電壓為 0。

若了解上述的概念，對於接下來的電路設計就會比較清楚，你可以想像腳位 2 在 IC555 的內部連接了一顆有無限大電阻值的電阻器到地 (GND)，所以在尚未按下按壓開關時，觸發腳位 (2) 的電壓為 V_{CC}：

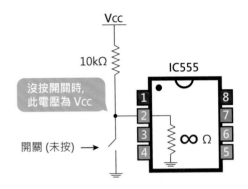

而按下開關，會讓觸發腳位 (2) 變為 0 V，低於 V_{CC} 的 1/3 倍，觸發 IC555！

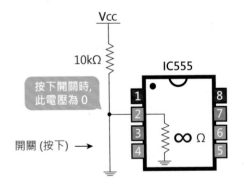

觸發後，IC555 會有 2 個腳位發生變化：

🔧 1. 輸出腳位 (3) 輸出高電壓，這裡會接上一顆 LED 燈讓它發光。

🔧 2. 放電腳位 (7) 與 GND 之間形成高阻抗 (你可以想像成與 GND 斷路)。

按鈕按下放開後，以上的 2 個狀態依舊保持不變，直到臨界腳位的電壓達到 2/3 倍的 V_{CC} 才會發生變化。

▶ 倒數計時

IC555 被觸發後 LED 燈發光。而我們已經知道要讓 LED 燈熄滅 (腳位 3 輸出低電壓) 的條件是**臨界腳位 (6) 要高於 V_{CC} 的 2/3 倍**。所以我們希望 LED 燈亮起來，臨界腳位的電壓可以**從 0V " 慢慢 " 升高到 V_{CC} 的 2/3 倍**後，LED 燈再熄滅。(這個慢慢是我們可以設計的)

要讓腳位 6 的電壓從 0V 升高到 2 / 3 倍的 V_{CC}，可以用第 6 章學過的 RC 電路 (電阻器與電容器) 來達成：

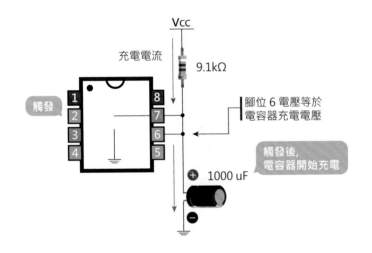

根據 RC 電路的充放電時間規則，經過 **1.1 x R x C 的時間後，電容的電壓會升至 2/3 倍的 V_{CC}**。這裡的 R 為 9.1kΩ 的電阻器、C 為 1000 uF 的電容器，所以經過大約 10 秒後，電容電壓會達到 2/3 倍的 V_{CC}，也就是達到 IC555 的臨界電壓。

這裡你可能會有點好奇，為什麼要將腳位 6 與腳位 7 連接在一起，觸發後腳位 7 與 GND 呈現斷路，所以充電電流並不會從腳位 7 流走；這樣的做法主要是希望**當 IC555 達到臨界電壓後，電容器可以從腳位 7 進行放電，讓臨界腳位的電壓可以回復成 0V，等待下一次觸發：**

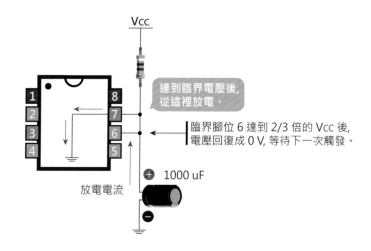

最後來複習一下單穩態的工作流程：

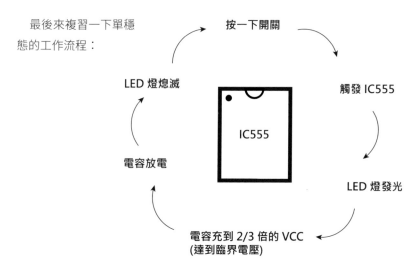

以上就是單穩態的一個工作流程，接下來就實際做手完成 IC555 的單穩態電路吧！

11-4 定時自動關燈

接著就來實際完成 IC555 的單穩態電路，這裡是以驅動 LED 燈做為示範，做一個定時自動關燈的應用，在很多場景都會用到這部分的設計，例如人體自動感應燈，當感測器感應到人之後會亮起燈，並維持一段時間後才關閉。

材料	
● AAA 電池盒	x 1 盒
● AAA 電池	x 4 顆
● 10kΩ 電阻 (棕 , 黑 , 橙)	x 1 顆
● 220Ω 電阻 (紅 , 紅 , 棕)	x 1 顆
● 9.1kΩ 電阻 (白 , 棕 , 紅)	x 1 顆
● 0.01 uF 電容器	x 1 顆
● 1000 uF 電容器	x 1 顆
● LED 燈	x 1 顆
● 按壓開關 (2 腳)	x 1 顆
● NE555P	x 1 顆

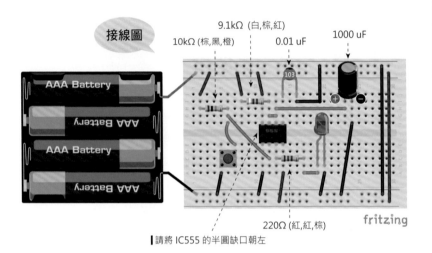

接線圖

10kΩ (棕,黑,橙)　9.1kΩ (白,棕,紅)

0.01 uF　1000 uF

103

AAA Battery
AAA Battery
AAA Battery
AAA Battery

220Ω (紅,紅,棕)

fritzing

▌請將 IC555 的半圓缺口朝左

電路圖

Vcc

4 重置　供電 8

9.1 kΩ

10 kΩ

7 放電　輸出 3 — 220 Ω — ▷|◁ LED

6 臨界　NE555

1000 uF

5 控制

2 觸發　接地

0.01 uF

按壓開關

1

完成電路後，請按一下按壓開關，這時 LED 會亮起，經過約 10 秒後 LED 會熄滅。請注意，第一次運作時，時間會不太準確，原因與 IC555 的初始狀態有關，多觸發幾次後，就會正常。

另外，LED 燈亮起的持續時間無法十分精確，原因是本套件使用的電容為精確度較低的電解電容，若讀者需要較精準的時間，可以到電子材料行購買塑膠電容來替代。

延伸閱讀／延時公式

在使用 IC555 的單穩態模式實作延時電路時，可以使用公式：T =1.1*R*C，計算延遲的時間，單位為 T：秒、R：歐姆、C：法拉。(1uF=0.000001F，1000uF=0.001F)。

以本實驗為例，計算 9.1kΩ 的電阻搭配 1kuF 的電容延遲的秒數約為 10 秒。
算式：1.1*9100 (歐姆) *0.001 (法拉) =10.01 (秒)。

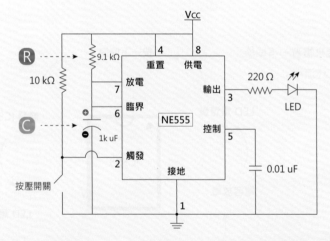

算式中 R 與 C 對應到的電阻與電容位置，你可以用不同的電容或電阻來改變延遲的時間。

12

CHAPTER

電子昆蟲

上一章我們認識了 IC555 以及它的單穩態模式，而本章要介紹它的另一種模式：無穩態，並透過此模式來製作一個模擬昆蟲叫聲的電路，而且這個昆蟲還會依據光線的強弱而改變叫聲的快慢喔！

12-1 揚聲器

本章會使用壓電式蜂鳴片來模擬昆蟲的叫聲，其構造是在一塊銅片的正中心黏貼一塊壓電陶瓷片。而本套件所附的蜂鳴片已在銅片與陶瓷片上焊接出 2 條導線，方便我們待會可以用鱷魚夾連接此 2 處；此外，我們所附的蜂鳴片後方會裝上一個金屬殼，增加發聲的共鳴：

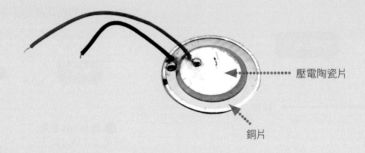

壓電陶瓷片

金屬殼

銅片

若我們施加電壓於陶瓷片與銅片，會讓陶瓷片彎曲變形：

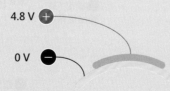
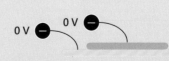
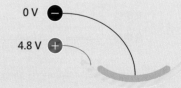

⚠ 實際上彎曲的幅度並不會這麼大，上圖只是為了讓讀者容易理解。

而蜂鳴片的發聲原理就是透過連續的施加不同的電壓，讓蜂鳴片快速變形，進而震動空氣，產生聲音。而本章就是會透過 IC555 的無穩態模式來不斷的交錯產生 4.8V 與 0V, 使蜂鳴片發出聲音：

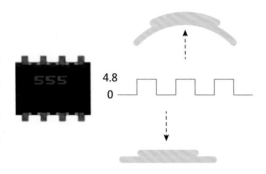

12-2 無穩態模式

不同於單穩態模式使用一顆按鈕來觸發 IC555，無穩態模式的關鍵在於 " **自動觸發** "。也就是會以固定的頻率自動觸發 IC555。

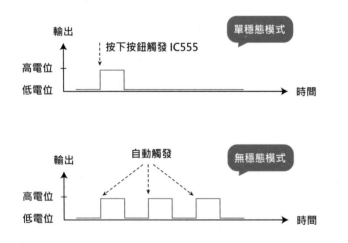

而透過電路的設計，我們可以控制高 / 低電位的持續時間，讓蜂鳴片的聲音呈現緩慢或是急促。

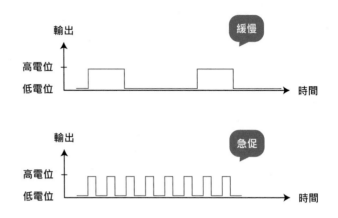

接著就來看看無穩態模式的工作方式吧！

無穩態模式的工作方式

事實上無穩態與單穩態的電路大同小異，關鍵差異在於前面說過的 " 自動觸發 "。那這要如何做到呢？先來複習一下單穩態時重要腳位的電壓變化：

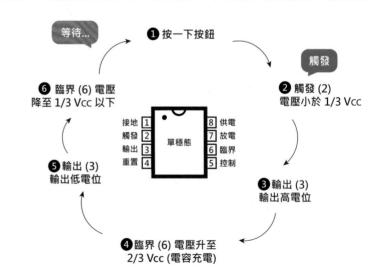

使用者按下按鈕後, IC555 便開始進行一次單穩態的工作流程, 到了第 6 步時就算完成一次工作週期, 接著需 " 等待 " 使用者再次按下按鈕來再次觸發 IC555, 進行下一輪的工作。

而無穩態則是不希望有這個 " 等待 "。設想如果在第 6 步時可以直接跳到第 2 步, 讓觸發腳位 (2) 的電壓低於 1/3 V_{CC} 就可以直接繼續下一輪的工作 ...

要達到這個目地的關鍵在第 6 步時, 臨界腳位 (6) 的電壓低於 1/3 V_{CC}, 若將此電壓傳給觸發腳位 (2), 則跳過了步驟 1 的按鈕, 直接觸發了 IC555！

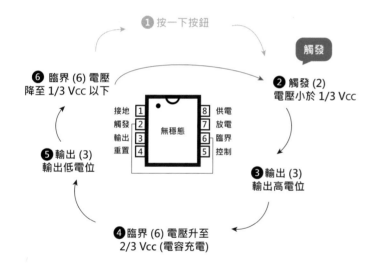

所以無穩態模式就是會將**觸發腳位 (2) 與臨界腳位 (6)** 連接在一起, 這樣只要一接上電源, 就會不斷地工作, 間隔地輸出高 / 低電位。

12-3　電子昆蟲

認識了無穩態的工作流程後, 接著來實際透過電子昆蟲電路, 解析無穩態模式吧！

材料	
● AAA 電池盒	1 個
● AAA 電池 (自備)	4 顆
● 電容 0.01 uF	1 顆
● 電容 10 uF	1 顆
● 電阻 8.2kΩ	1 顆
● 可變電阻 1MΩ	1 顆
● 光敏電阻	1 顆
● NE555P	1 顆
● LED 燈	1 顆
● 蜂鳴片	1 片

▶ 接線圖與電路圖

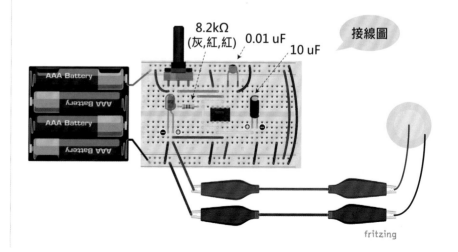

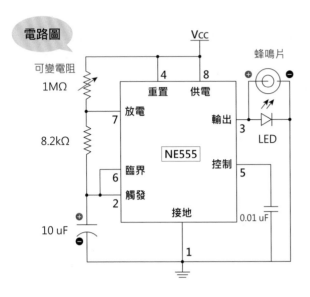

電路圖

完成電路後，請試著 " **慢慢地** " 旋轉可變電阻，你會發現旋轉某個方向時，聲音會越來越急促，此時電阻值是越來越小的；而另一個旋轉方向會讓聲音越來越緩慢，此時電阻值是越來越大的。為什麼呢？來看看下面的電路解析吧！

⟫ 電路解析

輸出高電位
∙∙∙∙∙∙∙∙∙∙∙

先將目光放在那個 10 uF 的電容，假設電容的初始電壓低於 1/3 V_{CC}，也就是觸發腳位的電壓會低於 1/3 V_{CC}，此時會觸發 IC555，輸出腳位是高電位、腳位 7 對 GND 開路，所以電源開始對電容充電：

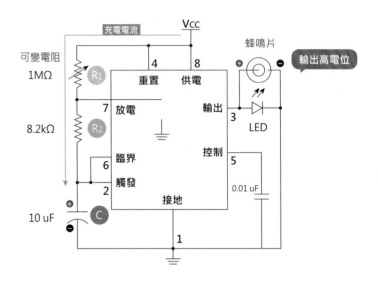

輸出高電位的持續時間就是**電容充電至臨界電壓 (2/3 V_{CC})** 的時間，因為充電電流流過 R_1 與 R_2，所以充電時間的公式如下：

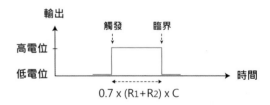

所以如果旋轉可變電阻 (R_1) 使其電阻值變小，會使高電位的時間縮短，在低電位的時間保持不變的形況下，聲音就會變得急促。例如以下在 1 秒內會有 7 次觸發與臨界，使得蜂鳴片上下彈跳 7 次：

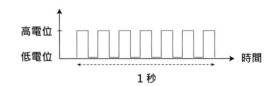

反之,可變電阻值上升,會讓高電位時間加長,1 秒內彈跳次數下降,聲音就變得緩慢了:

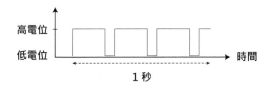

⚠ 有讀者可能會發現,把可變電阻值 (R₁) 轉到很小時,電子昆蟲突然就不叫了,LED 也不亮,照理來說應該叫得更快!這是因為如果使用太小的 R₁ 時,會讓 IC555 的放電時間變得很長,這是 IC555 內部電路的關係,故在此不多做解釋,只需謹記不可使用過小的 R₁。

輸出低電位

而當充電電容的電壓達到臨界電壓後,輸出腳位變成低電位,而放電腳位 (7) 對 GND 短路,使得電容開始從腳位 7 放電:

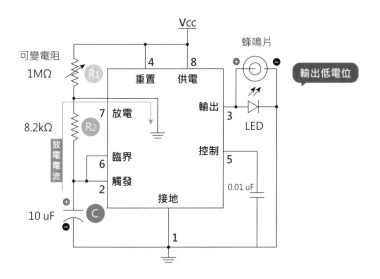

而**輸出低電位的持續時間**就是**電容放電至小於 1/3 Vcc** 的時間 (再次觸發 IC555),從上圖可以看到放電的路徑只有經過 R₂,所以放電時間的公式如下:

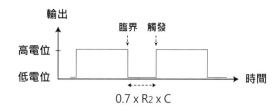

由於 R₂ 我們選擇的是固定電阻 8.2kΩ,所以低電位的持續時間為固定不變。

將可變電阻改為光敏電阻

最後,我們可以將可變電阻改為光敏電阻,這樣叫聲就會隨著光線的不同而有快慢之分:

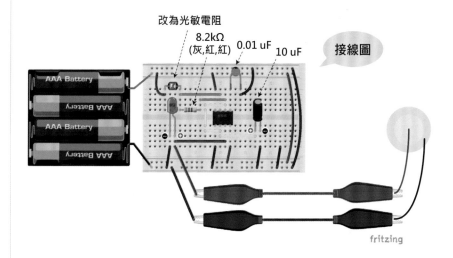

你可以發揮創客精神，幫這個電路做一個昆蟲外殼；當在黑暗中時，昆蟲很悠閒的慢慢叫，而當你用手電筒照到它時，就會緊張的快速鳴叫，告知同伴快逃命喔！

延伸閱讀

我們看一下高電位與低電位持續時間的公式：

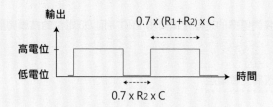

$$0.7 \times (R_1 + R_2) \times C$$

$$0.7 \times R_2 \times C$$

依據公式來看，高電位的持續時間肯定會大於低電位的持續時間，但如果想要**高低電位的時間相同或是高電位時間小於低電位時間**的話，必須將 R_1 設為 0 或是負值，但這個問題我們剛剛有遇過了，R_1 不可以太小，更不可能有負值。

所以我們希望充電與放電的電阻是獨立分開計算的：

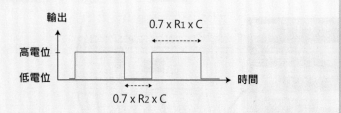

$$0.7 \times R_1 \times C$$

$$0.7 \times R_2 \times C$$

也就是希望充電時，充電電流只會流過 R_1，而放電時，放電電流只會流過 R_2。這個做得到嗎？其實只要透過我們在第 8 章使用過的整流二極體就可以做到，做法是將整流二極體與 R_2 並聯即可，讓我們來看看吧：

● 充電時，因為二極體導通時電阻很小，所以充電電流幾乎都會流過二極體不會經過 R_2；所以充電公式僅計算 R_1：

接下頁

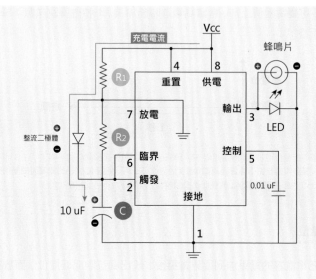

● 放電時，因為二極體不導通，所以放電電流經過 R_2：

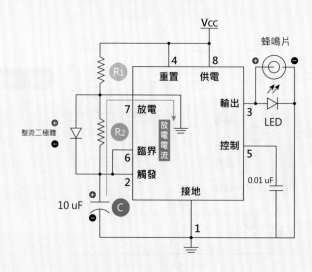

以上就是 IC555 無穩態模式的另一種使用方式。